游東運

歐式麵包 的

究|極|工|法|全|書

因著材料的單純，品嚐得到最美的自然之味，
用心堅守的製作，展現職人執著醞釀的好味。

游東運——著

擁有十來年的麵包職人生涯的東運，年輕入行，打從學徒做起時，每日勤奮學習，精進修業，並勇於任事。

職技生涯中，不斷反覆磨練自己所學，不恥下問，平日追求新知，不斷透過閱讀，學習當前新興烘焙概念、技術…長年下來，奠定自身非凡扎實深厚的基礎功夫與完熟的烘焙概念。

在職人生涯中，已屬同輩中的頂尖麵包職人同時，並未放下學習，反而不斷的鑽研世界各國烘焙產業發展與前景，不斷實驗、試做，找尋適合台灣環境的烘焙模式。近年除工作外，勇於接受各種烘焙挑戰，而榮獲2015年世界麵包大賽台灣代表選拔季軍、2014年世界盃麵包大賽台灣代表優勝的殊榮！

東運將自己多年麵包製作經驗，與教學經驗寫成此書。內容包含各式歐法麵包。並依台灣天候風土，考量規劃、設計麵包食譜、以維持上乘的麵包滋味與口感…此書既為專業職人進修所需、更為一般想要在家烘焙麵包的讀者設想，精準的配方、與詳細的操作技巧，完全披露於此書。讓您在家也能烘焙出專業水準的麵包。喜歡烘焙的讀者，千萬不要錯過！

菲律賓BREADERY經營者兼R&D

從認識東運到現在，我對他的職業精神印象很深，為了道地滋味的極致追求，他兢兢業業的不斷研修與摸索，鍛鍊自己在麵包的知識技術，並透過來自各方的交流、見習，拓展自己的視野，他的毅力與付出的努力讓我感動不已。

從接觸傳統麵包，到追求深層的道地滋味，他因著麵包，視野與世界越來越寬廣；對於麵包的高度熱情，一路的成績大家有目共睹，現在，看著一本集結他多年工作、教學經驗的書即將出版，亦師亦友的我深感榮幸。

專精於歐法麵包的他，即將把累積所學，無私的分享經驗與祕訣。我相信，在要讓更多的人了解麵包烘焙的製作原理，這樣的立意前提，一定能帶給同好，以及有志成為專業麵包師傅的人帶來無限的助益。

パン達人手感烘焙創辦人

莊鴻銘

在我眼中，東運為人謙虛，對烘焙充滿了熱情與執著，尤其對歐式麵包的技術以及天然酵母方面的運用，有著獨到的見解。他善於就材料、製法等各個角度切入，從中尋求最適合的相互搭配；以有所堅持的麵團，製作出豐富滋味的美味麵包。

這些年看著東運逐步邁向成功同時，並將以往所學與經驗毫不保留的藉由這本書與大家分享，我也深引以為榮。這本書中除了有多款最具代表、別出心裁的歐法麵包外，在講究滋味的細節也提供了相關的經驗技術，當然也不乏有各種天然酵母的培養，讓麵包愛好者能更進一步感受各種穀類製作的最佳風味。

書中結合詳細完整的圖解示範，實用性極高、非常具有參考價值，相信不論對烘焙初學者，或是專業職人絕對是最好的參考指導。

經國管理暨健康學院助理教授

文世成

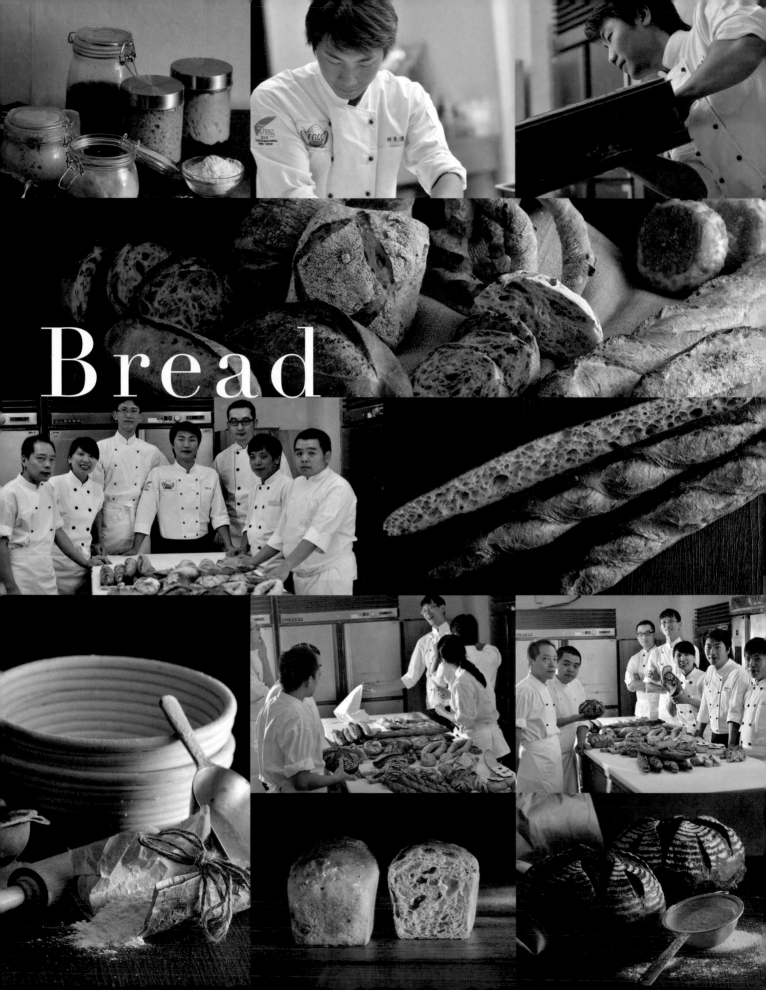

Bread

為精進麵包技術引路

隨著健康意識的抬頭，無糖、無油飲食風潮帶動歐式麵包的盛行，近來更因世界麵包競賽的聚焦光環，使得「歐包」更廣為大家熟知。在國外作為主食的歐式麵包，種類原本就多樣，加上各國在地的材料、口感、喜好等的變化，無論外型式樣或質感風味都更加多元化。

就如書中的歐式麵包，除了承繼自法國麵包製法的傳統風味外，也不乏以道地工法結合在地食材加以製作，更符合國人喜愛的質感口味。像是這些年來就特色食材與麵團風味所下的功夫，將南瓜、芋頭、紫米、芒果、香蕉、洛神花等食材結合工法的融入，帶出有別於傳統歐式的在地口味；並使用自製天然酵母，蜂蜜種、全麥種、裸麥種、魯邦種等不同的發酵種法，做出獨有的口感與風味。這些作工儘管繁複，但能讓人在細嚼麵包時感受到源自食材本身的滋味正是我最想傳達呈現的，而不是靠添加製造出來的滋味。另外，也特別收錄回甘法國、美粒果、艾威特等對我別具意義的得獎麵包作品，完整的配方手法，不只記錄著一路走來的點滴，更有想與大家分享的喜悅心情。

麵包的製作手法光要靠文字完整地表達出來很困難。回想以往看過的麵包書，大都是一道配方穿插簡單的兩、三張照片，拆解說明不夠具體，也因此，書中以清楚好理解的圖文對照方式，循序漸進地來解說技術和製作過程與訣竅，並且針對容易疏忽的重點關鍵做提點，就是想讓以麵包製作為樂趣的人，都能享受自己動手做麵包的樂趣，甚至是作為日後精進麵包技術的引路依據。

書中的麵包都是我多年來的經驗集結，希望透過淺顯易懂的講解，能讓更多人感受麵包的魅力與可能，衷心期望它能對邁向麵包領域的各位能有所幫助。

2019世界麵包大賽Mondial Du Pain
總亞軍、甜麵包特別金獎

游東運

製作之前

＊ 麵團發酵所需時間，會隨著季節及室溫條件不同而有所差異，製作時請視實際狀況斟酌調整。

＊ 計量要正確、水量可視實際情況斟酌調整！處理麵團時要輕柔小心；發酵時表面要覆蓋保鮮膜（或濕布），不可讓麵團變乾燥。

＊ 烤箱的性能會隨機種的不同有差異；標示時間、火候僅供參考，請配合實際需求做最適當的調整。

＊ 每種麵包各有不同特色，書中配合製作的難易程度以記號標示等級難易，提供參考。

Contents

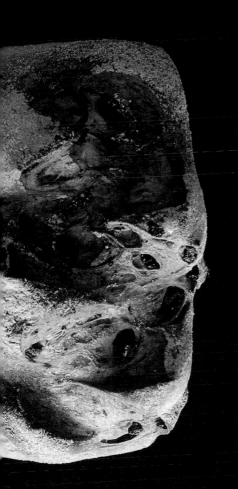

電子磅秤

測量材料重量的基本配備，使用電子磅秤能更準確的量測出精細的分量。

攪拌盆

混合材料或發酵時使用的容器，最常使用不鏽鋼材質，也有玻璃等其他材質。

打蛋器

攪拌打發或混合材料使用，以鋼絲圈數較多的為佳較好操作。

橡皮刮刀

攪拌混合或刮淨附著容器內壁上的材料使用，選用彈性高、耐熱材質較佳。

切麵刀、刮板

用來切拌混合、整理分割，或刮起沾黏在檯面上的麵團整合使用。

擀麵棍

用來擀壓延展麵團，或整型時將麵團內部的氣體排出等操作使用。

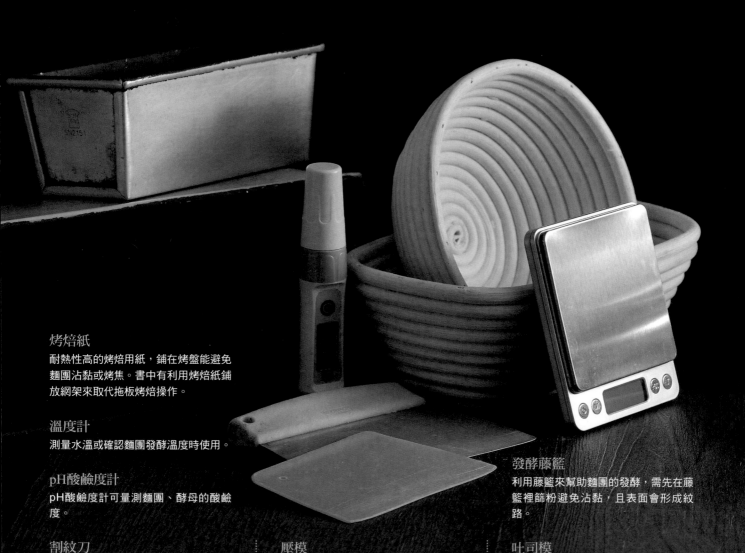

烤焙紙

耐熱性高的烤焙用紙，鋪在烤盤能避免麵團沾黏或烤焦。書中有利用烤焙紙鋪放網架來取代拖板烤焙操作。

溫度計

測量水溫或確認麵團發酵溫度時使用。

pH酸鹼度計

pH酸鹼度計可量測麵團、酵母的酸鹼度。

割紋刀

薄且銳利的刀片，用在切割麵團表面的裂痕的專用刀。

壓模

為製作出造型花樣，可利用模框壓塑出花樣造型使用。

發酵藤籃

利用藤籃來幫助麵團的發酵，需先在藤籃裡篩粉避免沾黏，且表面會形成紋路。

吐司模

烘烤吐司麵包使用的模具，本書使用的有24兩、8兩吐司模。

發酵布
成型麵團最後發酵時使用，或覆蓋麵團
以防止麵團乾燥及變形等。

粉篩
篩除粉類的雜質，或將顆粒的粉料篩
勻，好讓粉類能飽含空氣而增加吸水
性。

毛刷
在表面塗刷蛋液或油脂時使用，可增加
光滑色澤、防止水分流失。

麵包製作的材料

法國粉
法國麵包專用法，專為製作道地風味及口感製成的麵粉，型號（Type）的分類是以穀麥種子外穀的含量高低來區分。

高筋麵粉
硬質小麥研磨製成的麵粉，蛋白質含量高，會形成強韌的筋性，製作麵包的基本用粉。

胚芽粉
直接使用時會影響發酵的狀況，必須烤過後再使用。

蕎麥粉
呈棕褐色，帶有沉厚香的麥香，含豐富營養，可與麵粉搭配運用。

全麥粉
帶有胚芽和麥麩製成的麵粉，富含纖維與礦物質，有粗糙的顆粒口感，常搭配高筋麵粉使用。

裸麥粉
裸麥研磨製成，不易產生筋性，揉好的麵團黏手，製成麵包紮實而厚重，具獨特的風香氣與酸味。

速溶乾酵母
無需預備發酵的乾燥顆粒狀酵母，能直接混合在粉類中使用，不需做先溶於水的程序。

低糖乾酵母
相較於一般乾酵母，低糖用乾酵母發酵力較強，適用於糖分含量較低的歐式麵包類的製作。

麥芽精

濃縮麥芽糖，作為酵母的養分，具有活化酵母促進發酵作用。濃稠不易融化，可先溶於水中使用。

細砂糖

可助於發酵，增添麵包的蓬鬆感；保濕性高，能使口感維持柔軟濕潤狀態、並有效延緩品質的老化。

蜂蜜

具特殊香氣風味，能使製品質感濕潤，並增添漂亮的烘烤色澤效果。

鹽

可調節麵團的發酵促使穩定，活化麩質的形成，製作歐法麵包時，通常會在麵粉中加入約2%。

蛋

可有讓麵團保有濕潤及鬆軟口感，增添營養及風味的效果。塗刷表面能增添表面光澤，烤出漂亮色澤。

黑糖粉／粒

具有特殊的濃郁香甜氣味，粉末狀較固體狀方便使用。

高融點起司丁

耐高溫烘烤，不會在烘烤中流失，可作為內餡使用。

鮮奶

可增添麵包的濃郁香味，提增麵包風味及潤澤感；也可取替麵團中的水分，但必須調整分量。

動物性鮮奶油

帶有濃醇的乳香風味，適用於口味濃郁的麵包製作。鮮奶油容易變質，保存上需格外注意。

無鹽奶油

可增進麵團的延展性促使麵團膨脹柔軟，形成富彈性的鬆軟麵包。

奶油起司

帶有細緻的乳酸味，能襯托食材的清爽，適合搭配水果乾或調製餡料使用。

雜糧粉

含多種高纖穀物小麥，色澤深、麥香味佳，營養價值高，帶有強烈風味。

增添風味的
堅果&果乾

堅果、果乾等配料可為麵包的口感風味賦予變化，
但使用時必須注意用量，
添加過多會降低麵團筋性影響膨脹；
原則上堅果類食材需預先烤過後再使用，
果乾類則可先透過浸泡使其飽含水分後再運用。

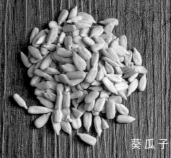
松子

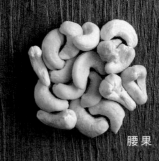
葵瓜子

大燕麥片

南瓜子

蕎麥粒

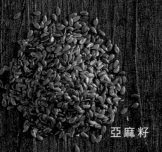
亞麻籽

核桃

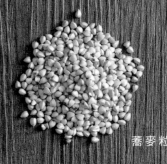
水滴巧克力

黃金蕎麥脆片

杏仁片

腰果

葡萄乾　　　　草莓乾

鳳梨乾　　　　無花果乾　　　　藍莓乾

青提子　　　　櫻桃乾　　　　杏桃乾

蜂蜜丁　　　　番茄乾　　　　蔓越莓乾

香蕉乾　　　　芒果乾　　　　洛神花

增添風味的
乳製品&其他

凝縮成塊的乳酪製品，口感、風味特色各異，
芳醇柔和的乳香提升香氣風味外，
也能帶來別有的柔軟口感；
不論融入麵團增添風味，或塗抹、夾層做口味變化，
都能具體呈現絕佳風味，與純樸的麵包相當契合。

高熔點起司丁
濃郁的乳酪香、Q軟，耐高溫烘烤，常用
於麵包及內餡使用。

奶油起司
質地綿密滑口，濃稠醇厚，帶特殊微酸
味，常用於糕點及抹醬內餡。

帕瑪森起司
帶醇厚香氣，可磨粉或刨絲加以運用。

雙色披薩起司絲
柔軟、帶豐富溫和乳香，與鹹香味，烤
後具拉絲特性。

馬滋瑞拉起司
外觀呈橢圓球狀，密封在乳清或鹽水袋
中保鮮，質地柔軟富彈性，加熱後會有
展延拉絲的狀態。

卡蒙貝爾
外層包覆一層白黴，內芯顏色為乳黃
色、質地柔軟，口感柔軟滑順，帶鹹味。

煙燻雞肉
熟化處理，帶有淡淡煙燻味，可作為三
明治餡料或沙拉配料。

煙燻鮭魚
帶有特殊香氣，鹹香適中、口感清爽滑
嫩，常作為麵包餡料或沙拉配料。

火腿片
醃燻製品，帶有特殊的風味，不論料理
或用作麵包餡料都非常適合。

德式脆腸
具醃燻香味，口感紮實，可搭配生菜、
起司、麵包食用。

增添風味的
酒類&其他

水果的酸味與酒類香氣調和搭配出絕妙的風味！
將帶有特殊香氣的酒類結合水果乾浸漬運用，
加入融合麵團中能帶出獨特的香氣及甜味，
讓麵包的風味層次更加豐富深邃。

醇黑生啤酒
濃郁滑順，帶濃厚的大麥香味；利用於
麵團中，啤酒中的酒精與糖經以發酵，
可帶出麵團別有清香。

卡魯哇咖啡香甜酒
以白蘭地為基酒添加墨西哥咖啡、可可
及香料製成，風味獨特的咖啡香甜酒。

覆盆莓伏特加
帶有覆盆莓的成熟醇美的風味香氣，餘
韻醇厚。

覆盆莓子利口酒
帶有黑莓與櫻桃的甜美酸甜口感，適用
於慕斯甜點等。

貝禮詩香甜奶酒
以鮮奶油結合愛爾蘭威士忌，調配香
草、可可製成，帶有濃郁口感及香氣。

伯爵紅茶
融合了數種茶葉磨成細末，香氣醇厚，
冷泡濕潤後即可加入麵團中製作。

玫瑰花茶
帶清香幽雅的香氣，花茶細末冷泡浸濕
後即可直接運用於麵團中。

麵包製作的必要知識

質硬、具嚼感的歐法麵包，材料與製作單純，
簡單麵粉、水、鹽主要材料，添加少量酵母經長時間發酵、烘烤，
就能製作出別具香氣、口感特色的風味麵包。

儘管材料與製作單純，但就揉麵及成形方式的差異，則有不同的風味口感，
也因此麵粉的品質和麵團製作的技巧，就成了美味的關鍵。

書中以直接、水合、隔夜中種、隔夜液種，與魯邦液種等製作方式，
製作各式風味特色的歐法麵包。

從掌握基本流程開始，瞭解麵包製作發酵的方式，再以雙手找出最佳的麵團狀態，
讓您在家也能做出帶有迷人香氣、完美氣泡組織，以及外皮酥脆的歐法麵包！

提升風味口感的發酵種法

製作麵包有許多不同的揉合及發酵方法，
主要可分為，將材料全部攪拌完成麵團製作的「直接法」，
以及使用液種、法國老麵、中種，
與自製酵母種等發酵種的完成麵團製作的「發酵種法」，
這裡針對本書使用的製作方式，介紹歐法麵包基本的製法。

中種法

事先將部分材料混合發酵（做成中種），再加入其他材料攪拌（做成主麵團），使其發酵，二階段式攪拌的製作法。由於發酵時間長，促進澱粉糖化，因此麵團具特有的深層風味，做好的製品具份量感，柔軟的內層也較不易硬化更具保存性，充滿發酵特有的香味。中種法依發酵時間長短，又有可分為當天發酵的中種、隔夜發酵中種。

水合法

水合法（Autolyse）又稱自我分解法。此法開始是先混合材料中部分的粉類、水，放置一段時間（不加鹽、酵母），讓麵粉吸收水分產生筋度後，再添加酵母、鹽等其他材料，繼續揉和的製作。這種製法可讓麵粉完全吸收水分，發展出筋度，促使製成的麵團延展性變佳，並能縮短最終揉麵的時間。適用在混合高比例穀物粉的製作，可提升其保水度，製成的麵包口感潤澤不乾燥。

直接法

將所有材料依先後次序一次混合攪拌完成後發酵的製作方式，是最基本的發酵法。簡單的製程能發揮原有材料的風味，讓麵團釋出豐富的小麥香，適合副材料較少、口味單純的麵包。由於發酵時間較短，製成的成品老化的速度較快。

魯邦種法

魯邦種法（Levain），以附著於麵粉中的菌種製作成的發酵種，是法國麵包製作的主流。有液態麵糊、固態麵團兩種培養方式。其最大的特色在於形成的酸味及發酵味，可增加麵包味道的深度，能完全襯托出穀物本身的風味，與發酵所形成的香氣。

法國老麵法

從使用的法國麵團中擷取部分，經過一夜低溫發酵製成的法國老麵，具有安定發酵力，適用於任何類型的麵包製作，能釀酵出微量的酸味及甘甜風味，讓麵包帶有柔和的美味。書中使用的法國老麵，是將攪拌好麵團經以30分鐘基本發酵後，冷藏發酵16小時以上後使用。

天然酵母種法

以蔬果、穀物從中培養酵母液，再以酵母液混合麵粉製作成原始酵種，之後定期添加麵粉與水餵養（續種），維持天然酵母發酵種的活性。自製酵母種的種類多，各有其獨特的香味、香氣及發酵力，能豐富麵包更深層味道。書中使用葡萄乾培養成葡萄菌水及葡萄酵種使用。

液種法

液種法（Poolish），是將材料中部分麵粉、酵母、水混拌後（此階段不加鹽，易使發酵變質），低溫長時發酵，做成高含水量的液態酵種，隔日再添加入其餘的材料再次揉和的製法。液種的水分較多，能提升酵母的活性，可縮短主麵團發酵的時間，做好的麵包質地細緻、帶濃郁小麥香氣。非常適合硬質、低糖油成份配方的麵包製作。

裸麥種法

用葡萄菌水、蜂蜜做為發酵液，再加入麵粉、裸麥粉混合培養，使其發酵、熟成而形成的發酵種。由於高活性乳酸菌的作用，培養出的發酵種帶有明顯酸味，製成的麵包有股特殊酸味與香氣。常運用於裸麥麵包的製作。

發酵種法

發酵種法，是以部分粉類、水和酵母先做好麵團，使麵團發酵、熟成後做為發酵種，再加入其餘粉類、材料製作完成麵團的製作方法。發酵種依狀態的不同，有稠狀的液種與麵團狀的麵種。前置的發酵種可減短基礎發酵的時間，並能為麵包帶來深奧特色的風味。

BREAD. 1

雋永迷人的法式麵包

單純的材料，更能嚐得到麥香原始風味，

紮實、酥脆，充滿小麥香氣…

以特別講究的麵粉食材，和貼近自然的釀酵工序，

教您製作法式麵包精髓的美味關鍵，

用簡單的材料做出兼具樸實與奢華的深邃芳香！

FRENCH BREAD

高水量古典法國

高水含量配方，以自我分解的方式促進水合，
將麵粉特有的芳香完全提引，徹底呈現出內層有彈力的嚼勁。
酥香的外皮與Q彈濕潤感的內裡最為魅力之處。

難易度：★★★★★

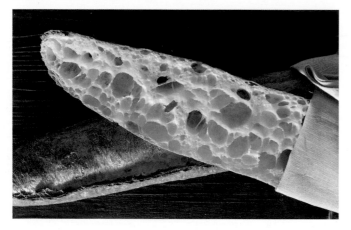

材料（約5個）

麵團

法國粉——1000g
冰水——730g
低糖乾酵母——2g
麥芽精——5g
鹽——20g
二次水——70g

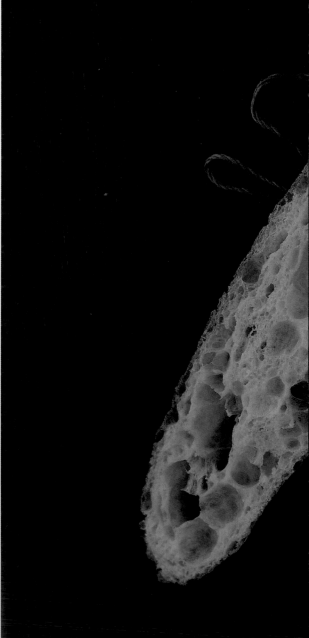

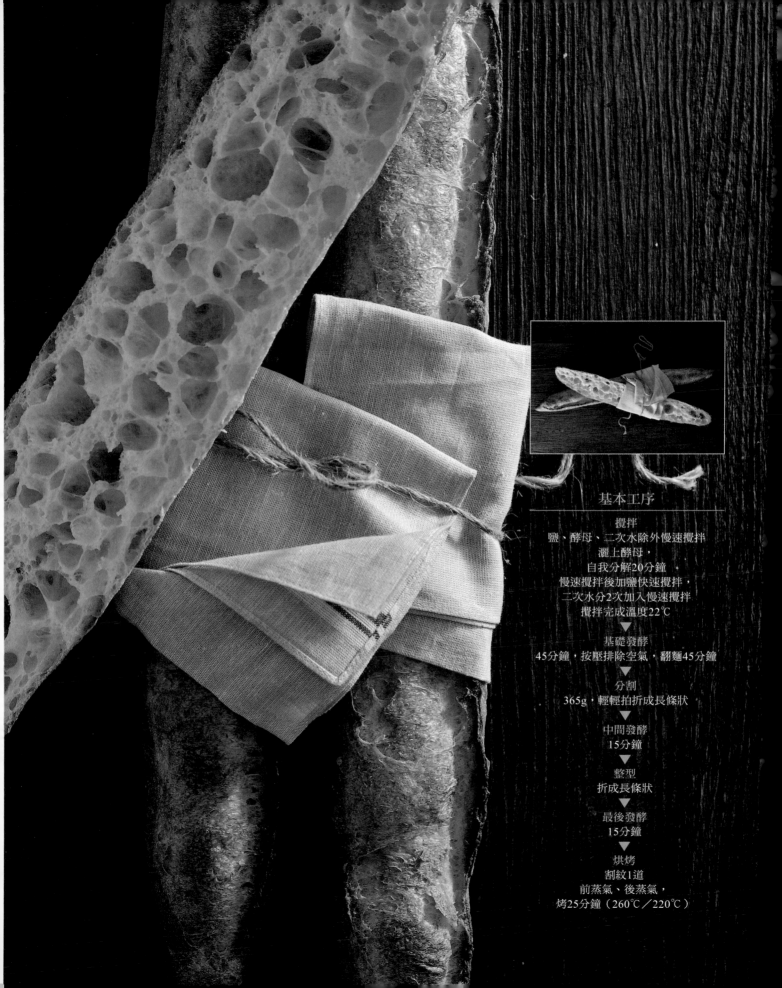

基本工序

攪拌
鹽、酵母、二次水除外慢速攪拌
灑上酵母，
自我分解20分鐘
慢速攪拌後加鹽快速攪拌，
二次水分2次加入慢速攪拌
攪拌完成溫度22℃
▼
基礎發酵
45分鐘，按壓排除空氣，翻麵45分鐘
▼
分割
365g，輕輕拍折成長條狀
▼
中間發酵
15分鐘
▼
整型
折成長條狀
▼
最後發酵
15分鐘
▼
烘烤
割紋1道
前蒸氣、後蒸氣，
烤25分鐘（260℃／220℃）

鄉村法國

使用法國老麵製作，萃取材料原有的風味，
並以自我分解的方式讓麵粉與水充分融合，
導引出麵粉的深厚與芳醇，
特有的麥香、酥脆口感的焦香烤色，
獨特的風味為其最大的特色魅力。

難易度：★★★★

材料（約10個）

麵團

A　法國老麵——1727g
B　法國粉——1000g
　　冰水——680g
　　麥芽精——5g
　　低糖乾酵母——5g
　　鹽——18g

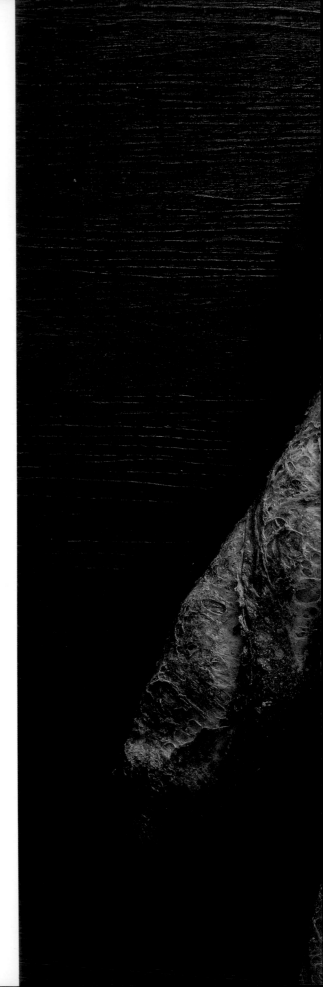

基本工序

前置麵種
法國老麵

▼

攪拌
法國粉、冰水、麥芽精慢速
灑上酵母，自我分解20分鐘
加法國老麵慢速，加鹽快速
攪拌完成溫度25℃

▼

基礎發酵
45分鐘，按壓排除空氣，翻麵45分鐘

▼

分割
343g，輕輕拍折成長條狀

▼

中間發酵
30分鐘

▼

整型
折成長條狀

▼

最後發酵
40分鐘

▼

烘烤
割紋5道
前蒸氣、後蒸氣，
烤25分鐘（240℃／200℃）

回甘法國

利用中種、低溫水解種與魯邦種等多種法的發酵製作，
除了營造豐富深遠的風味，對於品質穩定及延緩老化也有相當助益，
此配方特別適合夏天操作，能避免麵團溫度過高，大幅提升成功率。

難易度：★★★★★

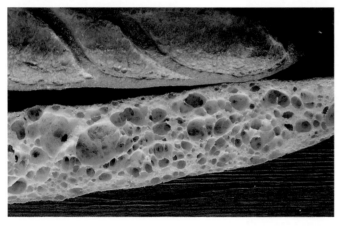

材料（約5個）

中種麵團

法國粉——450g
低糖乾酵母——5g
水——310g

主麵團

魯邦種——200g
鹽——20g

低溫水解種

法國粉——450g
麥芽精——3g
水——310g

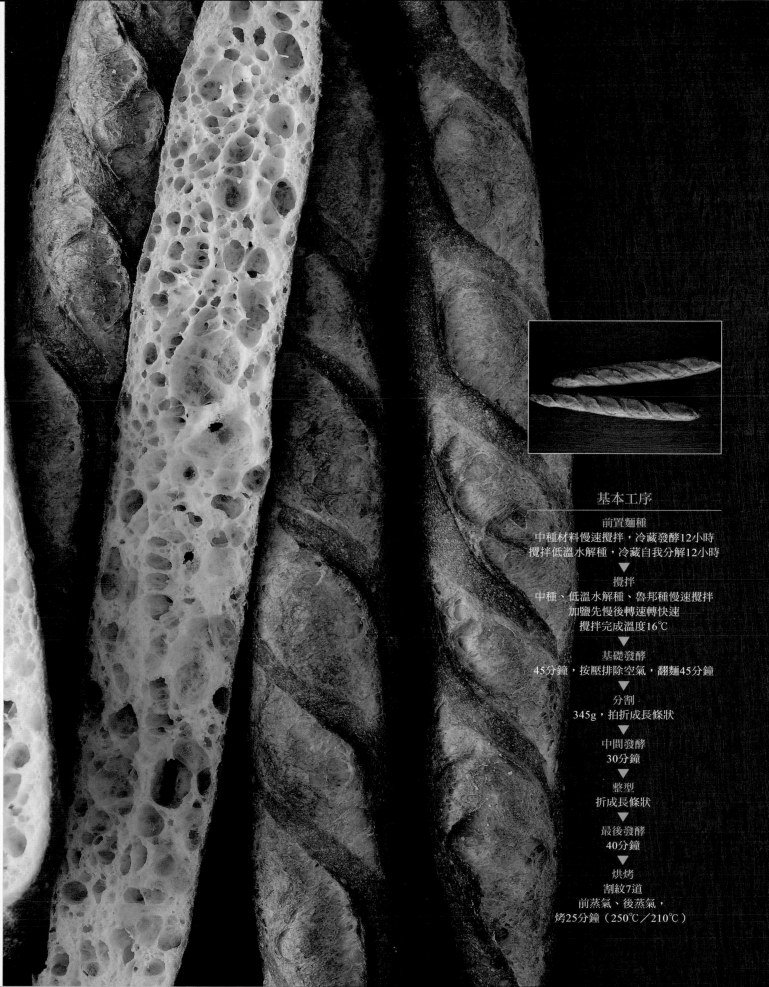

基本工序

前置麵種
中種材料慢速攪拌，冷藏發酵12小時
攪拌低溫水解種，冷藏自我分解12小時
▼
攪拌
中種、低溫水解種、魯邦種慢速攪拌
加鹽先慢後轉速轉快速
攪拌完成溫度16℃
▼
基礎發酵
45分鐘，按壓排除空氣，翻麵45分鐘
▼
分割
345g，拍折成長條狀
▼
中間發酵
30分鐘
▼
整型
折成長條狀
▼
最後發酵
40分鐘
▼
烘烤
割紋7道
前蒸氣、後蒸氣，
烤25分鐘（250℃／210℃）

8

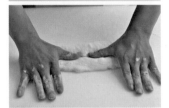

將麵團均勻輕拍壓除空氣、翻面，從底側向中間折1/3，按壓緊接合處向內捲塞，再將前側向中間對折，按壓接合口使兩側變得飽滿、輕拍，再對折按壓接合口使其確實黏合，邊滾動邊由正中央朝兩端邊拉成細長狀。

▼

9

收口朝上

收合口處朝上，放置折凹槽的發酵布上，最後發酵約40分鐘，再將收合處朝下放置，在表面斜劃出7道切口。

發酵帆布摺凹槽可隔開麵團，避免麵團變形或向兩側塌陷。

水含量高的麵團最後發酵時，將收合口朝上放置發酵可縮短發酵時間；再者接觸帆布面的麵團較平坦，完成發酵切劃時較好操作。

烘焙

10 入爐後蒸氣1次（3秒），3分後蒸氣1次，以上火250℃／下火210℃，烤約25分鐘。

蜜釀蔓越莓

富嚼勁、小麥原有的馥郁風味，使用的是烤過後泡水亞麻籽，
淡淡的亞麻籽香氣加上蜜漬蔓越莓的酸甜味，香醇順口。

基本工序

前置處理
亞麻籽浸泡水隔日使用
蔓越莓加蜂蜜蜜漬隔日使用
▼
前置麵種
法國老麵
▼
攪拌
鹽除外慢速攪拌，停止攪拌
灑上酵母，自我分解20分鐘
加法國老麵慢速攪拌，加鹽快速攪拌
取出外皮麵團480g，
其餘加入果乾翻拌均勻
攪拌完成溫度25℃
▼
基礎發酵
45分鐘，按壓排除空氣，翻麵45分鐘
▼
分割
外皮80g，內層350g，折疊滾圓
▼
中間發酵
30分鐘
▼
整型
內層整成橄欖形，
外皮整成橄欖形片，包覆
▼
最後發酵
40分鐘
▼
烘烤
割紋1道
前蒸氣、後蒸氣，
烤30分鐘（230℃／200℃）

難易度：★★★★

材料（約6個）

麵團

A　法國老麵———200g

B　法國粉———1000g
　　冰水———680g
　　低糖乾酵母———5g
　　麥芽精———5g
　　胚芽粉（烤過）———40g
　　鹽———20g

C　蜂蜜蔓越莓———325g
　　亞麻籽水———325g

前置作業

1 亞麻籽水，亞麻籽（163g）烤熟後加水（162g）浸泡隔日使用。蜂蜜蔓越莓，蔓越莓乾（285g）加入蜂蜜（40g）浸泡隔日使用。

攪拌混合

2

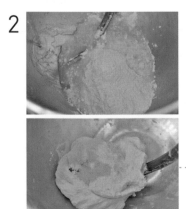

將材料B慢速攪拌均勻成團，停止攪拌，在表面灑上低糖乾酵母進行自我分解20分鐘，加入法國老麵（參見P34-35）慢速攪拌均勻，再加入鹽轉快速攪拌至完全擴展，攪拌完成狀態，可拉出均勻薄膜。

▼

3 取麵團（480g）做外皮麵團，另將剩餘麵團加入材料C壓切翻拌均勻，折疊均勻。

基本發酵

4 將麵團整理成圓滑狀態，基本發酵約45分鐘，做3折2次的翻麵，繼續發酵約45分鐘。

分割滾圓、中間發酵

5

外皮　　　內層

將麵團分割內層麵團350g×6個、外皮麵團80g×6個，折疊、切口往底部收合滾圓狀，中間發酵約30分鐘。

6

外皮

內層

將外皮麵團輕拍扁，擀成橢圓片。將內層麵團輕拍平整、翻面，從底端向中間壓折、以手指朝內側緊塞，再將前側向中間對折、按壓接合口，對折按壓收口確實黏合，輕滾動整成橄欖形。

7

將外皮覆蓋橢圓麵團表面，延展拉開至稍大於橢圓麵團，從中間的兩側拉起，沿著麵皮捏緊包覆，捏合收口。

▼

8

收口朝上

收口朝上、放置折凹槽的發酵布上，最後發酵約40分鐘，在表面切劃1刀口。

烘焙

9 入爐後蒸氣1次（3秒），3分後蒸氣1次，以上火230℃／下火200℃，烤約30分鐘，出爐。

蜜蜜情人

麵團添加自製蜂蜜種，是款口感獨特而風味香醇的麵包，
蜂蜜種的香氣和內含的檸檬丁，大幅提升麵團香氣，
內裡Q彈柔軟，越嚼越散發蜂蜜香氣，風味香醇。

基本工序

前置麵種
蜂蜜種

▼

攪拌
法國粉、冰水、麥芽精慢速成團，
停止攪拌
灑上酵母，自我分解20分鐘
加蜂蜜種慢速拌勻，加鹽快速攪拌勻
分2次加入蜂蜜攪拌至完全擴展
加入檸檬丁翻拌均勻
攪拌完成溫度20℃

▼

基礎發酵
45分鐘，按壓排除空氣，翻麵45分鐘

▼

分割
400g，折疊滾圓

▼

中間發酵
30分鐘

▼

整型
圓形

▼

最後發酵
45分鐘

▼

烘烤
灑裸麥粉，割菱格紋
前蒸氣、後蒸氣，
烤25分鐘（210℃／180℃）

難易度：★★★★

材料（約5個）

麵團

A	蜂蜜種	150g
B	法國粉	1000g
	冰水	650g
	麥芽精	3g
	低糖乾酵母	6g
	鹽	18g
	蜂蜜	200g
C	檸檬丁	250g

攪拌混合

1　將法國粉、冰水、麥芽精慢速攪拌成團後，停止攪拌，在表面灑上低糖乾酵母進行自我分解20分鐘。

▼

2　加入蜂蜜種（參見P34-35）以慢速攪拌至融合，加入鹽快速攪拌均勻，再分2次加入蜂蜜慢速攪拌至完全擴展，加入材料C壓切翻拌均勻。

基本發酵

3　將麵團整理成圓滑狀態，基本發酵約45分鐘，做3折2次的翻麵，繼續發酵約45分鐘。

分割滾圓、中間發酵

4　將麵團分割成400g×5個，折疊滾圓，中間發酵約30分鐘。

整型、最後發酵

5

將麵團輕拍壓、翻面，從底端向前對折，轉向縱放再對折，收合朝下將麵皮向下拉整成圓球狀。

▼

6

均勻輕拍，將麵皮聚攏收合、捏緊收合口整成圓球狀。

▼

7

收口朝下、放置折凹槽的發酵布上，最後發酵約45分鐘，灑上裸麥粉，表面劃菱格紋。

烘焙

8　入爐後大量蒸氣1次（3秒），3分後蒸氣1次，以上火210℃／下火180℃，烤約25分鐘。

桃香無花果

將浸漬紅酒的無花果乾揉和在麵團裡，
淡淡的茶香與果乾的溫和的滋味完全滲入，
芳香無比滋味。

基本工序

前置麵種
液種

▼

攪拌
酵母、鹽除外慢速攪拌
灑上酵母，自我分解20分鐘
慢速2分鐘，加鹽快速攪拌至完全擴展
攪拌完成溫度25℃

▼

基礎發酵
45分鐘，按壓排除空氣，翻麵45分鐘

▼

分割
190g，輕輕拍折成長條狀

▼

中間發酵
30分鐘

▼

整型
包餡

▼

最後發酵
35分鐘

▼

烘烤
剪4刀口
前蒸氣、後蒸氣，
烤20分鐘（230℃／200℃）

難易度：★★★

材料 （約9個）

麵團

A 液種——200g
B 法國粉——850g
　裸麥粉——50g
　冰水——620g
　麥芽精——3g
　低糖乾酵母——6g
　白桃烏龍茶葉——10g
　鹽——20g

內餡

奶油起司——360g
紅酒無花果——360g

1 白桃烏龍茶葉加入冰水浸泡開
（冷泡較不會產生茶澀味），
連同茶葉末、茶葉水使用。

▼

2 將液種（參見P34-35）、茶葉
水及材料B慢速攪拌成團，停
止攪拌，在表面灑上低糖乾酵
母進行自我分解20分鐘，接
著慢速攪拌均勻後，再加入鹽
快速攪拌至完全擴展。

基本發酵

3 將麵團整理成圓滑狀態，基本
發酵約45分鐘，做3折2次的
翻麵，繼續發酵約45分鐘。

分割滾圓、中間發酵

4 將麵團分割成190g×9個，折
疊、切口往底部收合成長條
狀，中間發酵約30分鐘。

整型、最後發酵

5

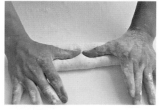

將麵團輕拍、翻面，從底端往
中間折疊，壓緊接合處，再從
前端往中間折疊、按壓麵團致
使兩側飽滿。

▼

6

＊ 紅酒無花果，可用無花果乾
（300g）、紅酒（60g）浸泡
入味隔天使用。

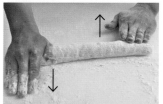
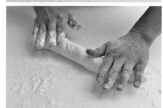

輕拍壓，在中間擠上奶油起司
40g、放上紅酒無花果40g，
拉起兩側沿著麵皮按壓捏緊收
口，均勻滾動延展長度，再沾
高筋麵粉、以呈平行方向揉動
成扭轉螺旋狀，收合口朝下、
放置折凹槽的發酵布上，最後
發酵約35分鐘，剪出「＾」4
刀口。

烘焙

7 入爐後蒸氣1次（3秒），3分後
蒸氣1次，以上火230℃／下火
200℃，烤約20分鐘，出爐。

茶釀多果香

使用液種做出Q彈輕盈的口感，
越咀嚼越能感受出麵的甜味與芳香，
淡淡的玫瑰杏桃香充分提引出果乾風味，
風味深邃香醇。

難易度：★★★

材料（約4個）

麵團

A　液種——100g

B　法國粉——1000g
　　冰水——680g
　　麥芽精——3g
　　低糖乾酵母——6g
　　玫瑰杏桃茶葉——10g
　　鹽——20g

C　水滴巧克力——100g
　　柚子絲——50g
　　蔓越莓乾——150g

基本工序

前置麵種
液種
▼
攪拌
杏桃茶葉浸泡冰水中使用
鹽除外慢速攪拌
加鹽中速攪拌至光滑
加入果乾翻拌均勻
攪拌完成溫度25℃
▼
基礎發酵
45分鐘，按壓排除空氣，翻麵45分鐘
▼
分割
500g，折疊滾圓狀
▼
中間發酵
30分鐘
▼
整型
橢圓形，收口朝上放入藤籃
▼
最後發酵
40分鐘
▼
烘烤
割紋
前蒸氣、後蒸氣，
烤40分鐘（230℃／200℃）

前置處理

1 杏桃茶葉加入冷水浸泡開（冷泡較不會產生茶澀味），連同茶葉末、茶葉水使用。

攪拌混合

2 將液種（參見P34-35）、茶葉水及材料B慢速攪拌成團，加入鹽中速攪拌至表面光滑，再加入材料C壓切翻拌均勻。

基本發酵

3 將麵團整理成圓滑狀態，基本發酵約45分鐘後，做3折2次的翻麵，繼續發酵約45分鐘。

分割滾圓、中間發酵

4

將麵團分割成500g×4個，折疊、切口往底部收合滾圓狀，中間發酵約30分鐘。

整型、最後發酵

5

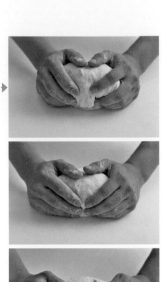

將麵團輕拍、翻面，從底端向中間壓折，以手指朝內緊塞，再由兩側朝中間內側稍壓折後，翻折收合於底，整成圓柱狀、輕滾動，整型成橄欖形，捏緊收口。

6

收口朝上

用網篩在藤籃內篩滿裸麥粉，
將麵團收口朝上，放置藤籃
中、輕按壓。

輕按壓可幫助底部的粉料
均勻的沾覆麵團表面。

▼

7

最後發酵約40分鐘，倒扣在
烤焙紙上，在表面切劃葉脈刀
紋。

8

入爐後蒸氣1次（3秒），3分後
蒸氣1次，以上火230℃／下火
200℃，烤約40分鐘，出爐。

黑爵堅果乳酪

從麵包的切口中就可窺見美味奶油起司，
添加黑炭可可粉麵團，搭配香醇核桃，
提升口感突顯濃郁滋味十足迷人風味。

基本工序

前置麵種
法國老麵

▼

攪拌
鹽除外慢速攪拌
加法國老麵慢速，加鹽快速攪拌
加入水滴巧克力翻拌均勻
攪拌完成溫度25℃

▼

基礎發酵
60分鐘，按壓排除空氣，翻麵30分鐘

▼

分割
190g，折疊滾圓

▼

中間發酵
30分鐘

▼

整型
包餡，整型成橄欖形

▼

最後發酵
50分鐘

▼

烘烤
灑高筋麵粉，割紋2道
前蒸氣、後蒸氣，
烤18分鐘（230℃／190℃）

難易度：★★★

材料（約12個）

麵團

A 法國老麵———300g
B 法國粉———1000g
　 黑炭可可粉———20g
　 冰水———740g
　 麥芽精———3g
　 低糖乾酵母———5g
　 鹽———20g
C 水滴巧克力———300g

內餡

奶油起司———400g
核桃（烤過）———200g

攪拌混合

1 將材料B慢速攪拌均勻成團，加入法國老麵（參見P34-35）攪拌均勻，加入鹽快速攪拌至完全擴展，加入材料C壓切翻拌均勻。

基本發酵

2 將麵團整理成圓滑狀態後基本發酵約60分鐘，做3折2次的翻麵，繼續發酵約30分鐘。

分割滾圓、中間發酵

3

將麵團分割成190g×12個，折疊、切口往底部收合滾圓狀，中間發酵約30分鐘。

整型、最後發酵

4

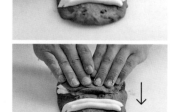

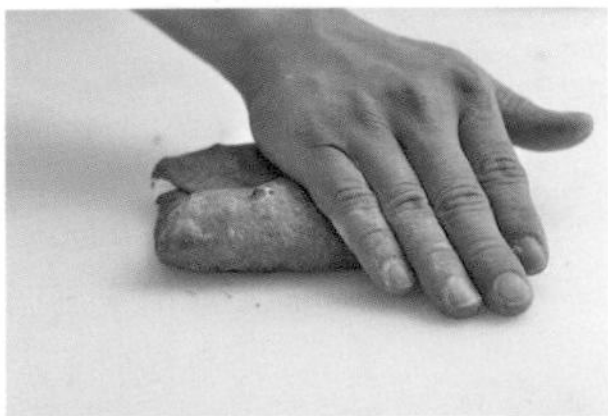
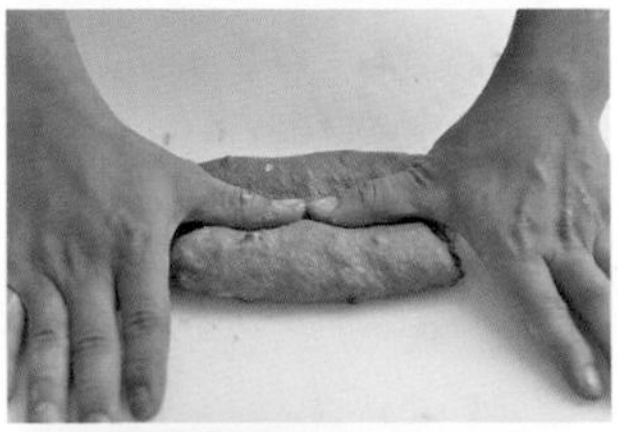
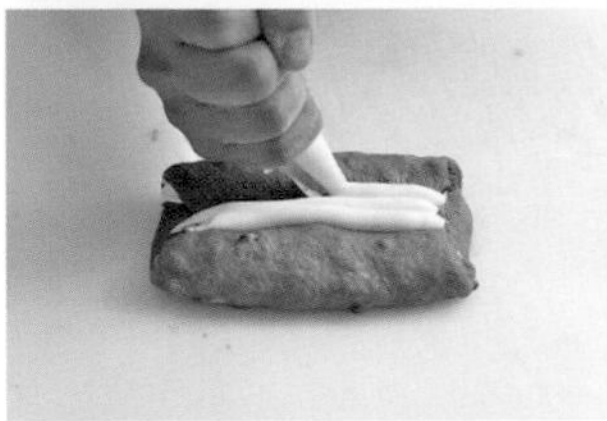
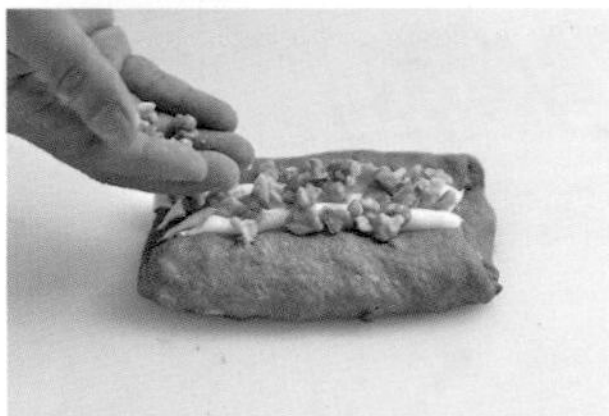

將麵團輕拍、翻面，轉向縱放，在前、後端1/3處分別擠上奶油起司，從前、後端分別向中間捲折、輕按壓兩側，並在接合處按壓出溝槽，在溝槽處擠上奶油起司、灑上核桃（約15g）。

▼

5

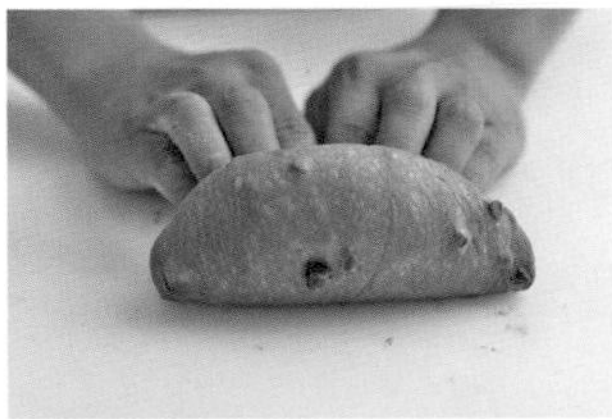
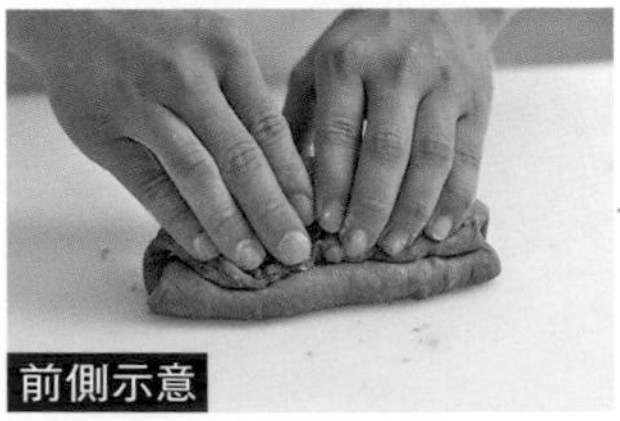

前側示意

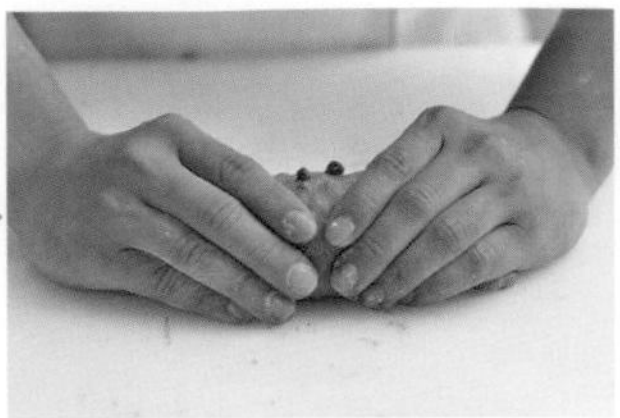
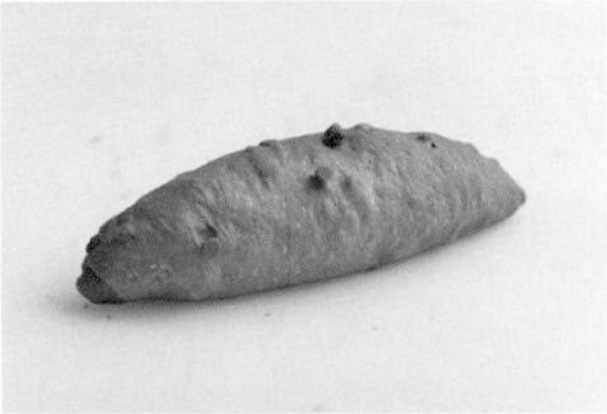
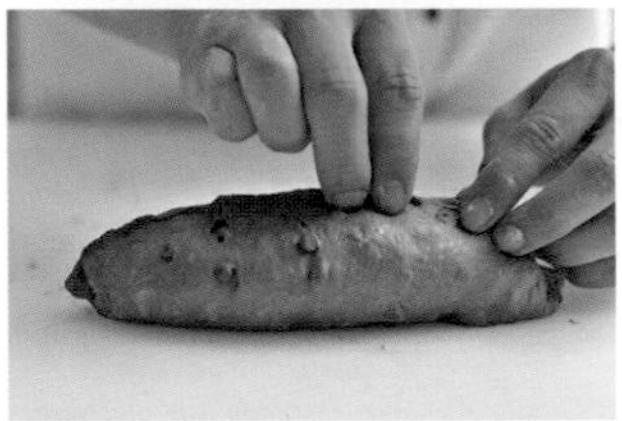

從前端向內捲塞、使表面鼓起、滾動成橄欖形，捏合收緊。

▼

6

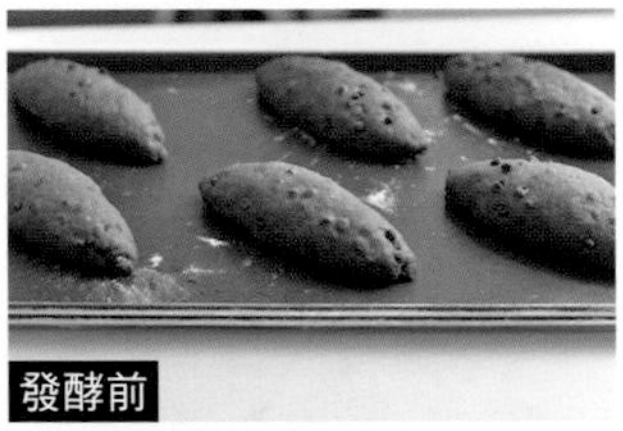

發酵前

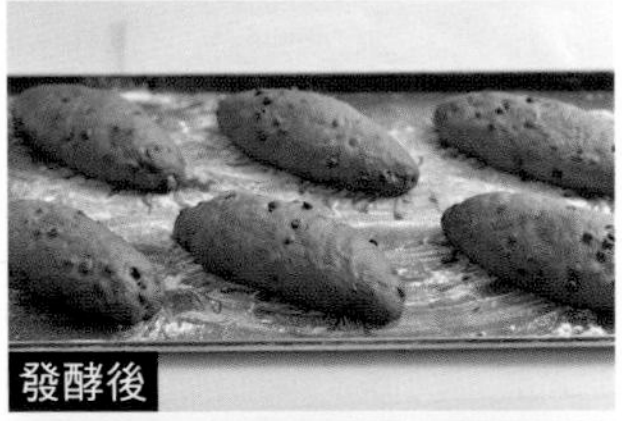

發酵後

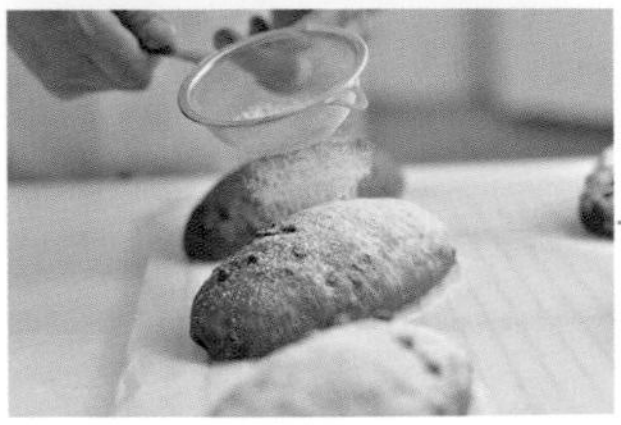
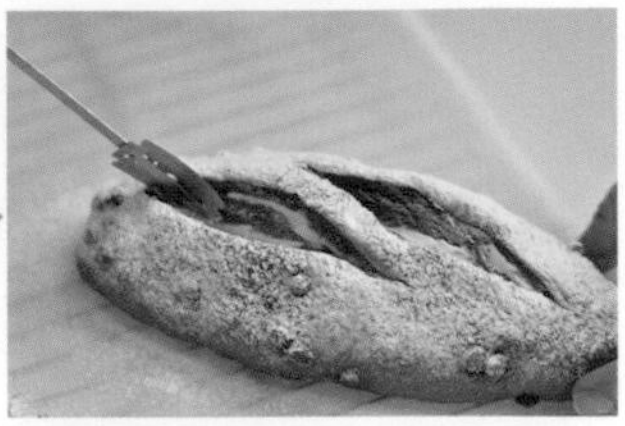
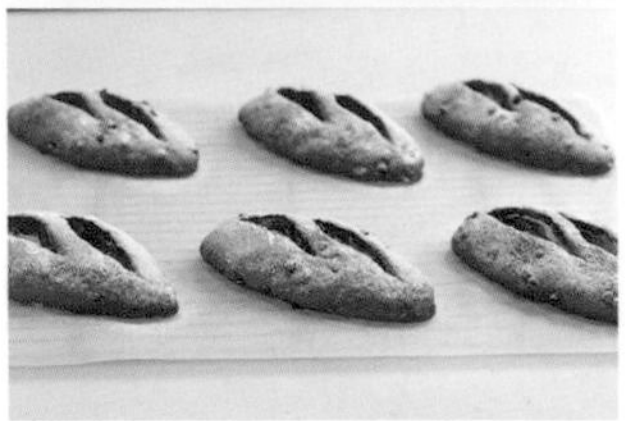

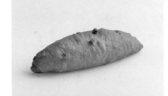

收口朝下放置，最後發酵約50分鐘，灑上高筋麵粉，表面斜劃2刀紋。

劃切的刀口深度以深及至可看得到內餡即可。

烘焙

7 入爐後大量蒸氣1次（3秒），3分後蒸氣1次，以上火230℃／下火190℃，烤約18分鐘。

活康多穀力

將烘烤過的芳香堅果浸泡後加入麵團中揉和，
麵團淡淡芳香與豐富的堅果，展出圓醇芳香的好風味。

基本工序

前置麵種
法國老麵

↓

攪拌
鹽除外慢速攪拌成團，
加入法國老麵拌勻
加入鹽快速攪拌至完全擴展
加入浸泡堅果翻拌均勻
攪拌完成溫度25℃

↓

基礎發酵
45分鐘，按壓排除空氣，翻麵45分鐘

↓

分割
440g，折疊滾圓

↓

中間發酵
30分鐘

↓

整型
橢圓形

↓

最後發酵
40分鐘

↓

烘烤
灑上裸麥粉，割紋
前蒸氣、後蒸氣，
烤40分鐘（230℃／200℃）

切達小山吐司

高熔點起司丁與黑橄欖的搭配組合，
麵團加了少許的義式香料帶出多層次香氣味道。
造型簡單，香氣馥郁、柔軟Q彈的小山峰乳酪吐司。

難易度：★

材料（約8個）

麵團

A 法國老麵——300g

B 法國粉——1000g
　麥芽精——3g
　低糖乾酵母——8g
　冰水——700g
　義大利香料——10g
　鹽——20g

C 黑橄欖——150g
　高熔點起司丁——200g

基本工序

前置麵種
法國老麵

↓

攪拌
鹽除外慢速攪拌成團，加法國老麵拌勻
中速攪拌至光滑，加鹽攪拌至完全擴展
加黑橄欖、起司丁翻拌均勻
攪拌完成溫度23℃

↓

基礎發酵
30分鐘，按壓排除空氣，翻麵30分鐘

↓

分割
300g，折疊滾圓

↓

中間發酵
30分鐘

↓

整型
捲成圓條狀，收口朝下放入8兩模

↓

最後發酵
90分鐘發酵至9分滿

↓

烘烤
前蒸氣、後蒸氣，
先烤25分鐘（220℃／260℃）

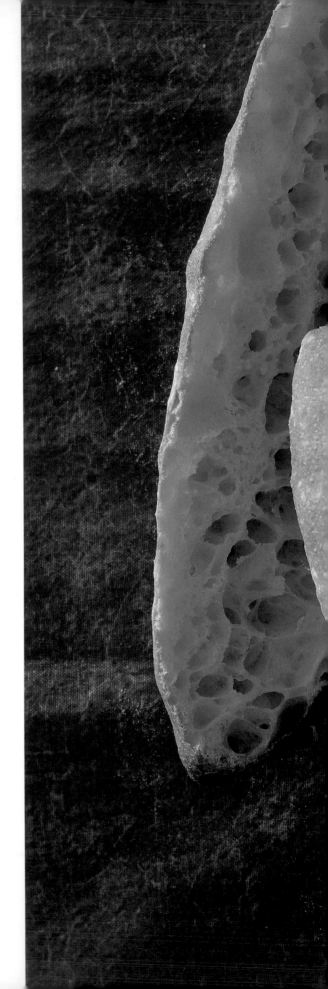

山葵明太子法國

經典棍子麵包麵團。
搭配特調的山葵明太子醬,山葵獨特的嗆味,
與明太子相應,酥脆鹹香滋味非常順口。

難易度:★★

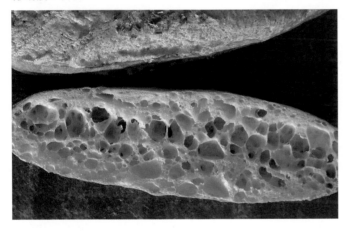

材料(約10個)

麵團		山葵明太子醬	
A	液種——200g	山葵泥——15g	
B	法國粉——1000g	沙拉醬——300g	
	冰水——700g	明太子醬——150g	
	低糖乾酵母——4g	檸檬汁——20g	
	麥芽精——3g	無鹽奶油——300g	
	鹽——20g		

* 山葵泥也可用山葵粉代替使用。

基本工序

前置麵種
液種

▼

攪拌
鹽除外，加入液種慢速攪拌
加鹽快速攪拌
攪拌完成溫度25℃

▼

基礎發酵
45分鐘，按壓排除空氣，翻麵45分鐘

▼

分割
180g，折疊滾圓

▼

中間發酵
30分鐘

▼

整型
長條狀

▼

最後發酵
40分鐘

▼

烘烤
割紋
前蒸氣、後蒸氣，
烤15分鐘（230℃／200℃）
橫切剖開，塗抹山葵明太子醬

慕尼黑脆腸

味道口感極其迷人的細緻版德式脆腸麵包，
夾層餡是脆腸以及和它十分對味的芥末籽醬。

基本工序

攪拌
鹽除外慢速攪拌
加鹽中速攪拌至完全擴展
攪拌完成溫度25℃

▼

基礎發酵
60分鐘

▼

分割
50g，輕輕拍折成長條狀

▼

中間發酵
30分鐘

▼

整型
拍長條、包餡料，整型成長條狀

▼

最後發酵
10分鐘

▼

烘烤
灑上高筋麵粉，切割3刀口
前蒸氣、後蒸氣，
烤16分鐘（250℃／200℃）

難易度：★

材料（約35個）

麵團

A 法國粉——1000g
冰水——700g
低糖乾酵母——6g
麥芽精——3g
鹽——18g

B 德式脆腸——35個
芥末籽醬——60g

1

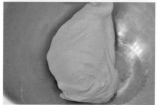

將材料A慢速攪拌均勻成團，加入鹽中速攪拌，攪拌至完全擴展。攪拌完成狀態，可拉出均勻薄膜。攪拌完成溫度25℃。

3

將麵團分割成50g×35個，折疊、切口往底部收合成長條狀，中間發酵約30分鐘。

整型、最後發酵

4

基本發酵

2

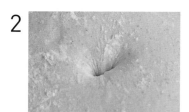

將麵團整理成圓滑狀態，基本發酵約60分鐘。

將麵團輕拍、翻面，在中間擠入芥末籽醬、鋪放脆腸（約20cm），從兩側拉起麵皮、捏合包覆住脆腸，輕輕滾動搓長，收口朝下放置，最後發酵約10分鐘，灑上高筋麵粉，在表面切劃3刀紋。

烘焙

5 入爐後蒸氣1次（3秒），3分後蒸氣1次，以上火250℃／下火200℃，烤約16分鐘，出爐。

義式燒臘

在法式麵團中加入火腿、叉燒、起司等材料，
些許的辣椒粉提升香氣，氣味更加芳香，
Q彈耐嚼的麵包體越嚼越香，清爽獨特的好滋味。

基本工序

攪拌
鹽除外慢速攪拌
加鹽快速攪拌至完全擴展
加入火腿丁、起司片丁慢速拌勻
加入叉燒肉、起司丁翻拌均勻
攪拌完成溫度25℃
▼
基礎發酵
45分鐘，按壓排除空氣，翻麵45分鐘
▼
分割
200g，折成長條狀
▼
中間發酵
30分鐘
▼
整型
長條形，沾裸麥粉
▼
最後發酵
40分鐘
▼
烘烤
切割成8字型，剪出刀口
前蒸氣、後蒸氣，
烤18分鐘（230℃／200℃）

難易度：★★

材料（約11個）

麵團

A 法國粉————1000g
冰水————700g
麥芽精————3g
低糖乾酵母————8g
義大利香料————10g
韓國辣椒粉————2g
鹽————20g

B 火腿片（切丁）————50g
起司片（切丁）————50g
叉燒肉（切丁）————250g
高熔點起司丁————200g

攪拌混合

1 將材料A慢速攪拌均勻成團，加入鹽快速攪拌至完全擴展，再加入火腿丁、起司丁拌勻，最後加入叉燒肉、高熔點起司丁壓切翻拌均勻。（翻拌混合材料B的方法，參見P109-110，作法3-4）

基本發酵

2 將麵團整理成圓滑狀態，基本發酵約45分鐘，做3折2次的翻麵，繼續發酵約45分鐘。

分割滾圓、中間發酵

3 將麵團分割成200g×11個，拍平折成長條狀，中間發酵約30分鐘。

整型、最後發酵

4

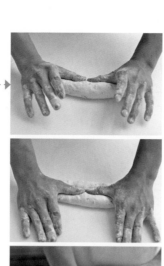

← →

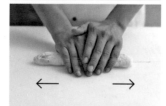

將麵團均勻輕拍壓除空氣、翻面，從底側向中間折1/3，按壓緊接合處向內捲塞，再將前側向中間對折於底，確實按壓黏合，按壓接合口處，輕拍壓，再從前側對折，收口處按壓緊密，邊滾動邊由正中央朝兩端滾成均勻長狀。

▼

5

收口朝上放置折凹槽的發酵布上，最後發酵約40分鐘，用刮板由前、後中間切割開（不切斷），稍拉開成8字形、灑上裸麥粉，在兩對側的斜角處各剪兩刀。

烘焙

6 入爐後蒸氣1次（3秒），3分後蒸氣1次，以上火230℃／下火200℃，烤約18分鐘，出爐。

普羅旺斯脆餅

麵團中包覆起司丁，整型、劃切成葉脈扁平狀的麵團，
表面鋪放起司絲、黑橄欖裝飾，增添了香氣風味，
獨特造型，口味豐富的薄餅狀麵包。

基本工序

攪拌
鹽、雞粉除外慢速攪拌成團
加鹽、雞粉中速至光滑，
加橄欖油慢速至完全擴展
加入青蔥拌勻
攪拌完成溫度25℃

▼

基礎發酵
50分鐘

▼

分割
150g，拍平，包入起司丁

▼

中間發酵
30分鐘

▼

整型
拍扁、擀橢圓片狀

▼

最後發酵
40分鐘

▼

烘烤
切割刀口，
薄刷油、灑起司絲、鋪黑橄欖
前蒸氣、後蒸氣，
烤16分鐘（230℃／210℃）

難易度：★

材料（約12個）

麵團

A 法國粉——1000g
冰水——660g
低糖乾酵母——10g
麥芽精——3g
鹽——16g

B 雞粉——15g
橄欖油——40g
青蔥——100g

C 高熔點起司丁——600g
黑橄欖——適量
雙色披薩絲——適量

前置處理

1　青蔥洗淨、瀝乾水分，切成蔥末（青蔥也可用乾燥蔥15g代替）。

▼

2　將材料A慢速攪拌均勻成團，加入鹽、雞粉中速攪拌至表面光滑，再加入橄欖油轉慢速攪拌至完全擴展，最後加入青蔥末拌勻。

基本發酵

3　將麵團整理成圓滑狀態，基本發酵約50分鐘。

分割滾圓、中間發酵

4

將麵團分割成150g×12個，輕拍平、放入高熔點起司丁（約50g），包覆、捏合收口，中間發酵約30分鐘。

整型、最後發酵

5

將麵團稍沾粉，用擀麵棍敲拍扁平，再擀成厚約0.4cm橢圓片狀。

▼

6

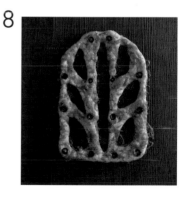

移置烤盤上，最後發酵約40分鐘，用刮板在表面劃出葉脈刀紋，輕輕拉開切口的空隙，灑上起司絲、鋪放黑橄欖片。

▼

7

變化款。在麵皮上薄刷橄欖油、灑上起司粉。

烘焙

8

入爐後蒸氣1次（3秒），3分後蒸氣1次，以上火230℃／下火210℃，烤約16分鐘，出爐，薄刷橄欖油提味、裝飾。

造型特殊的薄餅麵包，簡單的味道中散發著香草及橄欖香氣。口味變化多樣，麵團中可搭配像橄欖、乾燥的香草等素材製作。

紫米彩豆吐司

將紫米加入麵團，增添粒粒的口感與嚼勁，
再捲入各式香甜的彩豆，是款可口養生的美味麵包。

基本工序

前置麵種
蜂蜜種
攪拌中種，冷藏發酵12小時

▼

攪拌
鹽除外，加入中種、蜂蜜種慢速攪拌
加鹽中速攪拌，
加奶油攪拌完全擴展，加蜜漬彩豆
攪拌完成溫度23℃

▼

基礎發酵
40分鐘

▼

分割
217g，折疊滾圓

▼

中間發酵
30分鐘

▼

整型
滾圓，6個為組，收口朝下放入24兩模

▼

最後發酵
90分鐘發酵至8-9分滿，蓋上模蓋

▼

烘烤
先烤20分鐘（200℃／230℃），
轉向再烤20分鐘

難易度：★

材料（約2條）

主麵團

A	蜂蜜種	150g
B	高筋麵粉	300g
	熟紫米	220g
	芝麻粒	45g
	鹽	18g
	煉奶	80g
	速溶乾酵母	8g
	冰水	120g
C	奶油	60g

中種麵團

高筋麵粉	700g
葡萄菌水	100g
水	400g
速溶乾酵母	2g

內餡

蜜漬彩豆	400g

中種麵團

1 將葡萄菌水（參見P30-31）、所有材料慢速攪拌成團，冷藏發酵約12小時。

▼

2 將蜂蜜種（參見P34-35）、中種麵團、材料B慢速攪拌均勻成團，加入鹽中速攪拌至表面光滑，再加入奶油攪拌至完全擴展。

基本發酵

3 將麵團整理成圓滑狀態，基本發酵約40分鐘。

分割滾圓、中間發酵

4 將麵團分割成217g×12個（每條6個），折疊、切口往底部收合滾圓狀，中間發酵約30分鐘。

整型、最後發酵

5

將麵團輕拍成扁圓形對折、收合於底成橢圓狀，再均勻輕拍，成橢圓片狀。

▼

6

在中間鋪放蜜漬彩豆，底部預留，捲折至底，捏緊收口、輕滾整型。

▼

7

6個為組，收口朝下放置24兩吐司模中，最後發酵約90分鐘，至模高的8-9分滿，蓋上吐司模蓋。

烘焙

8 放入烤箱，以上火200℃／下火230℃，烤約20分鐘，轉向繼續烘烤約20分鐘。

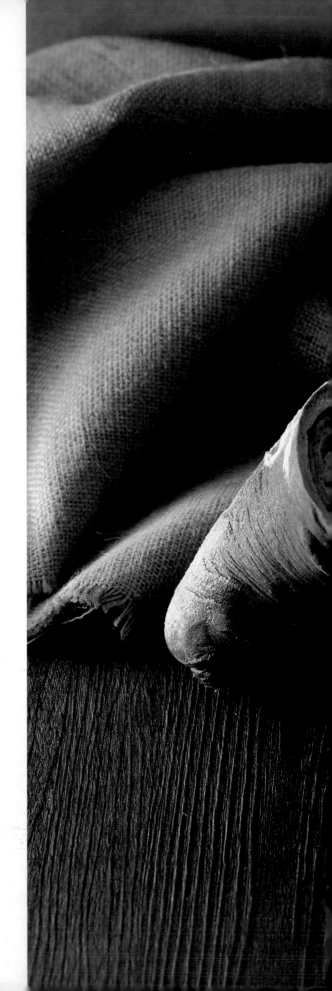

魅力洛神

多種法結合運用製作出柔軟濕潤口感，
添加洛神花茶液，以及事先混合蜜漬的果乾，提升整體香氣，
水潤的果乾不突兀地融入麵團中，充滿洛神果乾酸甜風味。

難易度：★★★★★

材料（約4個）

中種麵團

法國粉——450g
速溶乾酵母——8g
水——100g
洛神花茶液——200g

低溫水解種

法國粉——450g
洛神花茶液——300g
麥芽精——3g

主麵團

A　魯邦種——200g
B　鹽——20g
　　蜂蜜——50g
C　洛神花蜜餞——100g
　　李子——200g
　　柚子皮——20g

＊　魯邦種200g，也可用液種200g代替使用。

基本工序

果乾混合拌勻隔日使用
前置麵種
魯邦種、低溫水解種
慢速攪拌中種，冷藏發酵12小時

▼

攪拌
鹽除外加入低溫水解種、
魯邦種、中種慢速攪拌
加鹽中速攪拌
攪拌完成溫度20℃
取外皮麵團600g，其餘加入果乾翻拌勻

▼

基礎發酵
45分鐘，按壓排除空氣，翻麵45分鐘

▼

分割
外皮150g，內層380g，折疊滾圓

▼

中間發酵
30分鐘

▼

整型
外皮擀成橢圓片，內層整型成橄欖形，
斜放覆蓋前後端收合於底

▼

最後發酵
40分鐘

▼

烘烤
兩端稍彎折成S形，灑裸麥粉，
切割刀口
前蒸氣、後蒸氣，
烤40分鐘（220℃／200℃）

前置處理

1 將材料C先混合均勻隔日使用。

中種、低溫水解種

2 將所有材料慢速攪拌均勻成團，冷藏靜置發酵約12小時。**低溫水解種**。將所有材料慢速攪拌成團，冷藏靜置12小時進行自我分解。

攪拌混合

3

將中種麵團、魯邦種（參見P32-33）及低溫水解種慢速攪拌成團，加入鹽慢速攪拌均勻，加入蜂蜜拌勻，轉中速攪拌至完全擴展，攪拌完成狀態，可拉出均勻薄膜。

4
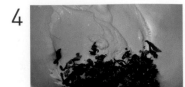

取麵團（600g）做外皮麵團，另將剩餘麵團加入材料C攪拌混合均勻。

基本發酵

5

將麵團整理成圓滑狀態，基本發酵約45分鐘，以折疊的方式做3折2次的翻麵，繼續發酵約45分鐘。

分割滾圓、中間發酵

6

內層

將麵團分割成外皮麵團150g×4個、內層麵團380g×4個。將內層麵團折疊、切口往底部收合滾圓狀，中間發酵約30分鐘。

7

外皮

將外皮麵團輕拍、翻面，捲折整型成橄欖狀，冷藏靜置。

整型、最後發酵

8

將內層麵團輕拍、翻面，從底端向中間壓折、以手指朝內緊塞，再將前端向中間壓折，確實按壓收合於底，在接合處按壓出溝槽，輕拍壓平，翻折成橄欖形，滾動搓揉兩端整形。

9

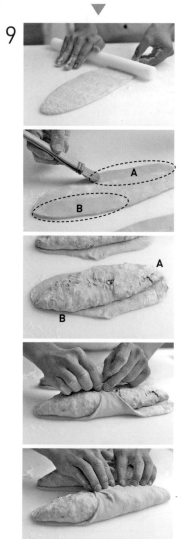

外皮輕拍壓，擀成橢圓片狀排出空氣、翻面，在斜對角邊薄刷油，將麵團以收口朝上斜放麵皮上，由中間捏緊收合，延及前後端收合於底部確實貼合，收口朝下放置發酵布上，最後發酵約40分鐘。

10

將兩端整型稍彎折呈S狀，鋪放圖紋、灑上裸麥粉，並在前後端側邊各切劃3刀口。

| 烘焙 |

11　入爐後蒸氣1次（3秒），3分後蒸氣1次，以上火220℃／下火200℃，烤約40分鐘。

波爾多田園法國

麵團裡加了黑橄欖、青豆、堅果及起司丁，
散發著淡淡的鹹香滋味，
以扭轉的成型手法製作，
展現簡單食材帶來的風味口感，

基本工序

攪拌
酵母、鹽除外慢速攪拌
灑上酵母，自我分解20分鐘
加鹽快速攪拌至完全擴展
加入其餘材料拌勻
攪拌完成溫度25℃

▼

基礎發酵
60分鐘，按壓排除空氣，翻麵60分鐘

▼

分割
300g

▼

整型
搓揉扭轉成條狀

▼

最後發酵
30分鐘

▼

烘烤
前蒸氣、後蒸氣，
烤25分鐘（230℃／200℃）

難易度：★★★

材料（約7個）

麵團

A 法國粉————1000g
　　冰水————700g
　　低糖乾酵母————10g
　　麥芽精————3g
　　鹽————17g
　　乾燥羅勒葉————10g

B 黑橄欖————80g
　　青豆仁————130g
　　松子（烤過）————40g
　　乾蒜粉————13g
　　起司丁————50g

攪拌混合	基本發酵

1

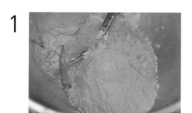

將材料A慢速攪拌均勻成團，停止攪拌，在表面灑上低糖乾酵母進行自我分解20分鐘。

2

再加入鹽轉快速攪拌至完全擴展，最後加入材料B翻拌均勻（翻拌混合材料B的方法，參見P109-110，作法3-4）。

3 將麵團整理成圓滑狀態，基本發酵約60分鐘，做3折2次的翻麵，繼續發酵約60分鐘。

分割、整型、最後發酵

4

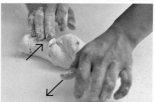

發酵前

發酵後

將麵團輕拍均勻，分割成300g×7個，將麵團從兩端揉動後，呈左右扭轉成螺旋狀，放置折凹槽的發酵布上，最後發酵約30分鐘。

烘焙

5 入爐後蒸氣1次（3秒），3分後蒸氣1次，以上火230℃／下火200℃，烤約25分鐘，出爐。

星鑽藍莓優格

在麵團裡融入藍莓粒、藍莓乾營造出別有的色澤與清新風味，
吃得到果粒的口感與濃郁奶油起司餡搭成絕妙的好滋味。

基本工序

前置麵種
液種

▼

攪拌
酵母、鹽除外慢速攪拌
加鹽中速攪拌至完全擴展
加入果乾翻拌均勻
攪拌完成溫度25℃

▼

基礎發酵
60分鐘

▼

分割
160g，折疊滾圓

▼

中間發酵
30分鐘

▼

整型
拍扁、包餡，收合成不規則紋路收口，
沾裹高筋麵粉

▼

最後發酵
30分鐘

▼

烘烤
前蒸氣、後蒸氣，
烤20分鐘（220℃／200℃）

難易度：★★★

材料（約16個）

麵團

A	液種——100g
B	法國粉——1000g
	冰水——650g
	麥芽精——3g
	低糖乾酵母——8g
	冷凍藍莓粒——80g
	鹽——18g
C	藍莓乾——80g
	核桃——150g

藍莓優格餡

奶油起司——768g
冷凍藍莓粒——77g
蔓越莓乾——115g

藍莓優格餡

1 將所有材料攪拌混合均勻。

攪拌混合

2 將液種（參見P34-35）及材料B慢速攪拌成團，加入鹽中速攪拌至完全擴展，最後加入材料C壓切翻拌均勻。

基本發酵

3

將麵團整理成圓滑狀態，基本發酵約60分鐘。

分割滾圓、中間發酵

4

將麵團分割成160g×16個，折疊、切口往底部收合滾圓狀，中間發酵約30分鐘。

整型、最後發酵

5

將麵團對折整圓、收合於底輕拍、翻面，在中間包入藍莓優格餡（60g），拉起麵皮包覆餡料，聚攏收合（不需完全捏緊）。

6

沾上高筋麵粉、收口朝下，放置事先撒上大量高筋麵粉烤盤上，最後發酵約30分鐘，翻面裂口處朝上。

> 烤盤先灑上大量麵粉，可避免麵團沾黏，同時也能讓表面紋路更加明顯。

烘焙

7 入爐後蒸氣1次（3秒），3分後蒸氣1次，以上火220℃／下火200℃，烤約20分鐘，出爐。

4

縱放

橫放

分切成4等份,以切面橫向、縱放重疊,再對切,依法全部重疊、壓整。

基本發酵

5 將麵團整理成圓滑狀態,基本發酵約60分鐘,做3折2次的翻麵,繼續發酵約60分鐘。

6

將麵團輕拍平整,整型成四方狀,分割成320g×8個正方形狀,放置烤盤上最後發酵約20分鐘,灑上高筋麵粉,在表面四周切劃4刀紋呈菱形狀。

烘焙

7 入爐後蒸氣1次(3秒),3分後蒸氣1次,以上火230℃／下火200℃,烤約25分鐘,出爐。

巧巴達(Ciabatta)又稱拖鞋麵包,常見的吃法有單純的沾佐橄欖油食用,或者依喜好加入煙燻火腿、肉製品、起司、生鮮蔬菜,搭配沙沙醬或其他醬汁來也很美味。

多美多番茄

變化版的蘑菇麵包，圓滾滾的花俏造型超吸睛，
把圓形麵團壓成花樣狀，放在圓球麵團上倒扣放置發酵，
就成了番茄模樣，改變表層麵皮的製作，享受不同的變化樂趣。

基本工序

前置麵種
魯邦種
▼
攪拌
鹽及油除外慢速攪拌
加鹽快速攪拌，加橄欖油慢速至完全擴展
攪拌完成溫度25℃
▼
基礎發酵
50分鐘
▼
分割
外皮35g，內層120g，折疊滾圓
▼
中間發酵
30分鐘
▼
整型
折疊包覆油漬番茄餡
外皮壓切出花形，內層包餡，組合
▼
最後發酵
30分鐘
▼
烘烤
灑高粉，番茄乾裝綴
前蒸氣、後蒸氣，
烤20分鐘（230℃／210℃）

BREAD.2

經典人氣的歐式麵包

多了點奶油與甜度，比起講究小麥質樸風味的法式麵包，

歐式麵包因不同素材的搭配，口感、滋味明顯豐富…

活用穀物的特殊風味，發酵出自然的香氣，

粉類、果乾、堅果以自然食材，引出甘甜、提升嚼感，

豐富口感及風味，讓滋味獨特的歐風麵包更加出色！

EUROPEAN
BREAD

巴黎香頌櫻桃

用葡萄菌水搭配黑糖水冷藏製作，提升甜度風味，
再搭配法國老麵製作成風味十足的麵團，
加之櫻桃乾、藍莓乾及核桃，更添口感好滋味。

難易度：★★★★★

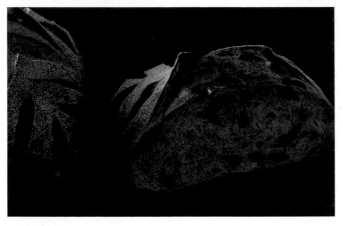

材料（約5個）

中種麵團

高筋麵粉——300g
葡萄菌水——100g
水——100g
黑糖水——50g
速溶乾酵母——2g

主麵團

A 法國老麵——200g
B 法國粉——700g
　 鹽——16g
　 速溶乾酵母——8g
　 蜂蜜——30g
　 冰水——450g
C 奶油——50g
D 櫻桃乾——200g
　 藍莓乾——60g
　 核桃——100g

＊ 黑糖水製作參見P156。

基本工序

前置麵種
法國老麵
慢速攪拌中種，冷藏發酵12小時

▽

攪拌
鹽除外，所有材料B、法國老麵、
中種慢速攪拌
加鹽中速攪拌，加奶油慢速攪拌
攪拌完成溫度25℃
取外皮500g；其餘加果乾拌勻

▽

基礎發酵
60分鐘

▽

分割
外皮100g，內層370g，滾圓

▽

中間發酵
30分鐘

▽

整型
外皮擀成方形片，內層折成四方狀，
包覆整型

▽

最後發酵
50分鐘

▽

烘烤
灑裸麥粉，割紋十字，切劃刀口
前蒸氣、後蒸氣，
烤30分鐘（220℃／190℃）

蜂香土耳其

加入蜂蜜種，有蜂蜜香甜滋味，越嚼越散發出甘醇的香味，
蜂蜜的香氣和麵團裡的核桃、果乾及巧克力非常對味。

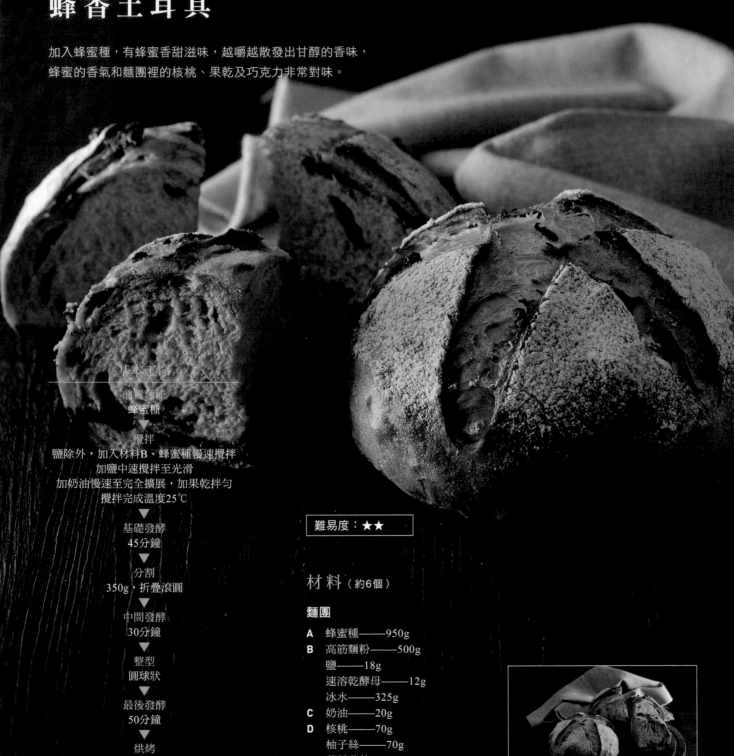

基本工序

前置麵種
蜂蜜種

↓

攪拌
鹽除外，加入材料B、蜂蜜種慢速攪拌
加鹽中速攪拌至光滑
加奶油慢速至完全擴展，加果乾拌勻
攪拌完成溫度25℃

↓

基礎發酵
45分鐘

↓

分割
350g，折疊滾圓

↓

中間發酵
30分鐘

↓

整型
圓球狀

↓

最後發酵
50分鐘

↓

烘烤
劃切5刀口
前蒸氣、後蒸氣，
烤25分鐘（210℃／180℃）

難易度：★★

材料（約6個）

麵團

A 蜂蜜種——950g

B 高筋麵粉——500g
鹽——18g
速溶乾酵母——12g
冰水——325g

C 奶油——20g

D 核桃——70g
柚子絲——70g
蔓越莓乾——70g
水滴巧克力——50g
蜂蜜丁——50g

攪拌混合

1
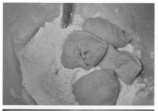

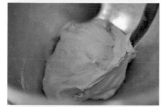

將蜂蜜種（參見P34-35）及材料B慢速攪拌成團，加入鹽中速攪拌至表面光滑，加入奶油慢速攪拌至完全擴展，攪拌完成狀態，可拉出均勻薄膜，加入材料D拌勻。

基本發酵

2

將麵團整理成圓滑狀態，基本發酵約45分鐘。

分割滾圓、中間發酵

3

將麵團分割成350g×6個，切口往底部收合滾圓，中間發酵約30分鐘。

整型、最後發酵

4

將麵團對折、轉向橫放，輕拍、將麵團朝底捏緊收合整成圓球狀，收合於底部放置烤盤上，最後發酵約50分鐘，灑上裸麥粉，用割紋刀切割出5刀口。

烘焙

5 入爐後蒸氣1次（3秒），3分後蒸氣1次，以上火210℃／下火180℃，烤約25分鐘。

129

茶香青提子

淡淡紅茶香搭配微酸甜的青提子葡萄，更顯得順口，
紅茶粉末浸泡黑糖水中至完全入味、釋出香氣是重點。

難易度：★★★

材料（約6個）

中種麵團

高筋麵粉——500g
水——300g
速溶乾酵母——4g
葡萄菌水——200g

主麵團

A 液種——200g
　　高筋麵粉——400g
　　黑糖水——240g
　　伯爵紅茶粉——18g
　　速溶乾酵母——6g
　　鹽——16g
B 水滴巧克力——120g
　　青提子——200g

＊　黑糖水製作參見P156。

裸麥起司球

在表面剪出5刀口，
烘烤成型後就能看到內餡誘人的色澤，
為確保剪出開口後能透見內餡，
開口剪出的深度要深及內餡。

基本工序

攪拌
鹽除外加材料A慢速攪拌成團
加鹽中速攪拌至光滑
加奶油慢速至完全擴展
攪拌完成溫度25℃

▼

基礎發酵
50分鐘

▼

分割
100g，折疊滾圓

▼

中間發酵
30分鐘

▼

整型
滾圓拍平，包餡，整成圓球狀

▼

最後發酵
40分鐘

▼

烘烤
灑裸麥粉，剪出5刀口
前蒸氣、後蒸氣，
烤16分鐘（210℃／180℃）

難易度：★

材料（約19個）

麵團

A 高筋麵粉——850g
　 裸麥粉——150g
　 細砂糖——50g
　 速溶乾酵母——10g
　 鹽——20g
　 奶粉——50g
　 葡萄菌水——200g
　 冰水——500g
B 奶油——80g

堅果起司餡

奶油起司——1000g
蔓越莓乾——200g
核桃（烤過）——300g

1

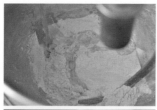

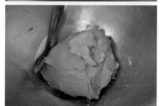

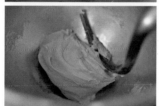

將葡萄菌水（參見P30-31）、所有材料A慢速攪拌成團，加入鹽中速攪拌至表面光滑，再加入奶油攪拌至完全擴展，攪拌完成狀態，可拉出均勻薄膜。

基本發酵

2

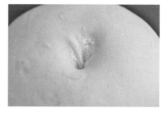

將麵團整理成圓滑狀態，基本發酵約50分鐘。

分割滾圓、中間發酵

3

將麵團分割成100g×19個，切口往底部收合滾圓，中間發酵約30分鐘。

整型、最後發酵

4

將麵皮輕拍後由左右、上下拉整收合成圓球，捏緊收合，輕拍壓成圓片狀、翻面。

5

在麵皮中間抹上堅果起司餡（約60g），包覆內餡捏緊收合整成圓球，收口朝下放置烤盤上，最後發酵約40分鐘，灑上裸麥粉，在中間剪出5刀口。

烘焙

6 入爐後蒸氣1次（3秒），3分後蒸氣1次，以上火210℃／下火180℃，烤約16分鐘。

金鑽紅酒法國

添加自製紅酒鳳梨，潤澤香甜之中帶著隱約果酸香味，
麥香、堅果與酒漬果乾交織成的醇厚芳香，
加上特殊整型手法，相當特殊的深邃迷人風味。

難易度：★★★★★

材料（約5個）

中種麵團

高筋麵粉——400g
裸麥粉——100g
水——300g
速溶乾酵母——4g
葡萄菌水——200g

主麵團

A 液種——200g
　　高筋麵粉——400g
　　細砂糖——100g
　　速溶乾酵母——6g
　　鹽——16g
　　冰水——200g
　　蜂蜜——30g
B 紅酒鳳梨——250g
　　核桃——100g

基本工序

前置麵種
液種
慢速攪拌中種，冷藏發酵12小時

↓

攪拌
鹽除外，加所有材料A、中種慢速攪拌
加鹽中速攪拌完全擴展
攪拌完成溫度25℃
取外皮400g，
其餘加紅酒鳳梨、果乾拌勻

↓

基礎發酵
60分鐘

↓

分割
外皮80g，內層380g，折疊滾圓

↓

中間發酵
30分鐘

↓

整型
內層折疊滾圓；外皮分切二等份，
搓揉成細長條，交疊放置表面

↓

最後發酵
50分鐘

↓

烘烤
灑裸麥粉
前蒸氣、後蒸氣，
烤25分鐘（210℃／170℃）

維也納美莓

以鮮奶代替水，搭配融合的水滴巧克力與蔓越莓，
製作特有芳香、皮脆內軟的維也納風味麵包，
有別於外皮酥脆的法國長棍類麵包，
算是口感稍偏軟的軟式歐風麵包。

基本工序

前置麵種
蜂蜜種

▼

攪拌
鹽除外加材料B慢速攪拌成團
加鹽中速攪拌至光滑
加奶油慢速至完全擴展，加材料C拌勻
攪拌完成溫度26℃

▼

基礎發酵
50分鐘

▼

分割
120g，折疊滾圓

▼

中間發酵
30分鐘

▼

整型
整成長條形

▼

最後發酵
40分鐘

▼

烘烤
切劃9刀口
前蒸氣、後蒸氣，
烤14分鐘（210℃／180℃），刷油

難易度：★★★

材料（約18個）

麵團

A	蜂蜜種——100g		**C**	奶油——80g
B	法國粉——1000g		**D**	水滴巧克力——200g
	細砂糖——10g			蔓越莓乾——100g
	鹽——20g			
	奶粉——20g			
	速溶乾酵母——10g			
	冰鮮奶——650g			

1

將蜂蜜種（參見P34-35）、所有材料B慢速攪拌成團，加入鹽中速攪拌至表面光滑，加入奶油慢速攪拌至完全擴展，攪拌完成狀態，可拉出均勻薄膜，最後加入材料D拌勻。

基本發酵

2

將麵團整理成圓滑狀態，基本發酵約50分鐘。

分割滾圓、中間發酵

3

將麵團分割成120g×18個，將麵團輕拍、翻面後捲折搓揉成長條狀，中間發酵約30分鐘。

整型、最後發酵

4

將麵團輕拍整型成長條形、翻面，從前端捲折至底，將麵團向下按壓確實貼合，由中央朝兩端滾揉成細長狀。

▼

5

將收合口朝上，放置折凹槽的發酵布上，最後發酵約40分鐘。收合口處朝下，在表面切劃9刀口。

烘焙

6

入爐後蒸氣1次（3秒），3分後蒸氣1次，以上火210℃／下火180℃，烤約14分鐘，出爐，表面薄刷奶油。

布朗休格葡萄

添加風味醇香的自製黑糖水，帶出特殊的黑糖香氣，
加之黑糖塊、堅果與葡萄乾的顆粒的口感，
豐美甘醇的香氣滋味讓人無法抗拒。

難易度：★★

材料（約7個）

中種麵團

法國粉——500g
葡萄菌水——250g
水——250g

主麵團

A 高筋麵粉——500g
　　 鹽——15g
　　 速溶乾酵母——10g
　　 冰水——150g
　　 黑糖水——160g
B 奶油——50g
C 葡萄乾——280g
　　 核桃——100g
　　 黑糖塊——60g

基本工序

前置麵種
慢速攪拌中種，室溫發酵12小時

▼

攪拌
鹽除外加材料A、中種慢速攪拌成團
加鹽中速攪拌至光滑
加奶油慢速至完全擴展，加材料C拌勻
攪拌完成溫度25℃

▼

基礎發酵
60分鐘

▼

分割
320g，滾圓

▼

中間發酵
30分鐘

▼

整型
整成圓球狀

▼

最後發酵
40分鐘

▼

烘烤
灑裸麥粉，
劃切四邊刀口，中間劃切十字
前蒸氣、後蒸氣，
烤22分鐘（210℃／180℃）

莓果森林

添加了蜂蜜種帶有微微的蜂香氣味，
搭配藍莓粒、葡萄乾、蔓越莓、橘皮丁及堅果，
4種香氣聚集，讓麵團充滿果香甜味，風味芳醇。

難易度：★★★

材料（約7個）

麵團

A 蜂蜜種——200g

B 高筋麵粉——1000g
　　細砂糖——60g
　　鹽——20g
　　速溶乾酵母——12g
　　鮮奶——150g
　　冰水——360g
　　紅酒——150g
　　冷凍藍莓粒——40g

C 奶油——60g

D 葡萄乾——125g
　　蔓越莓乾——125g
　　橘皮丁——50g
　　核桃——100g

基本工序

前置麵種
蜂蜜種
▼
攪拌
鹽除外，
所有材料B、蜂蜜種料慢速攪拌
加鹽中速攪拌至光滑
加奶油慢速攪拌至完全擴展，
加材料D拌勻
攪拌完成溫度25℃
▼
基礎發酵
60分鐘
▼
分割
360g，折疊滾圓
▼
中間發酵
30分鐘
▼
整型
橄欖形
▼
最後發酵
50分鐘
▼
烘烤
灑上高筋麵粉，劃切刀口
前蒸氣、後蒸氣，
烤25分鐘（210℃／180℃）

金麥胚芽啤酒

使用帶有特殊風味的發酵種增添深邃的芳香，
用烤過的堅果吸足水分，藉以提高保水性，烘烤後散發堅果香氣，
特殊整型手法，加之圖騰的印記，味覺與視覺兼備的麵包美學。

難易度：★★★★★

材料（約5個）

中種麵團

全麥粉——250g
高筋麵粉——250g
黑麥啤酒——200g
葡萄菌水——200g

主麵團

A 法國粉——500g
  冰水——290g
  黑糖水——200g
  胚芽粉——15g
  速溶乾酵母——8g
  鹽——15g
B 亞麻籽——20g
  葡萄乾——160g
  核桃——80g
  葵瓜子——50g
  南瓜子——70g
  松子——30g
  腰果——20g
  泡堅果的水——150g

基本工序

前置麵種
慢速攪拌中種，室溫發酵16小時

攪拌
鹽除外所有材料A、中種麵團慢速攪拌
加鹽中速攪拌
攪拌完成溫度25℃
取外皮600g；其餘加浸泡堅果拌勻

基礎發酵
90分鐘

分割
外皮120g，內層350g，折疊滾圓

中間發酵
30分鐘

整型
外皮擀延成三角狀，切劃刀口；
內層折疊成三角狀，包覆整型成三角形

最後發酵
60分鐘

烘烤
灑上高粉
前蒸氣、後蒸氣，
烤30分鐘（200℃／180℃）

柚香蜜見金棗

添加葡萄種，搭配紅豆粉、柚子醬帶有特殊香甜滋味，
內層包覆著以金棗乾、柚子醬特製調的奶油起司餡，
口感有別於表面看起來的堅硬質感，內裡卻是相當Q彈。

基本工序
────────────

前置麵種
葡萄種
▼
攪拌
鹽除外加所有材料B、葡萄種慢速攪拌
加鹽中速攪拌至光滑，
加奶油慢速攪拌
加入果乾、柚子醬拌勻
攪拌完成溫度25℃
▼
基礎發酵
50分鐘
▼
分割
220g，折疊滾圓
▼
中間發酵
30分鐘
▼
整型
拍成長條，抹餡，捲成長條，
整成馬蹄形
▼
最後發酵
50分鐘
▼
烘烤
灑上裸麥粉，切割5刀口
前蒸氣、後蒸氣，
烤16分鐘（210℃／180℃）

難易度：★★

材料（約5個）

麵團

A 葡萄種——400g
B 高筋麵粉——800g
　　紅豆皮粉——20g
　　細砂糖——40g
　　鹽——20g
　　速溶乾酵母——10g
　　冰水——450g
C 奶油——60g
D 柚子醬——100g
　　金棗乾——150g
　　核桃——150g

柚子金棗餡

奶油起司——385g
柚子醬——26g
金棗乾——77g
糖粉——12g

柚子金棗餡

1 金棗乾去籽切碎，加入其餘材料攪拌混合均勻。

攪拌混合

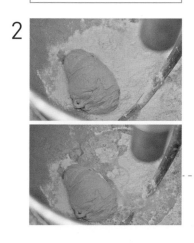

2

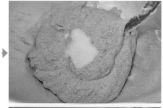

將葡萄種（參見P30-31）、所有材料B慢速攪拌成團，加入鹽中速攪拌至表面光滑，加入奶油慢速攪拌至完全擴展。

▼

3

攪拌完成狀態，可拉出均勻薄膜，加入材料D拌勻。

4

將麵團整理成圓滑狀態，基本
發酵約50分鐘。

5

將麵團分割成220g×10個，
將麵團輕拍，折疊、切口往底
部收合揉成橢圓狀，中間發酵
約30分鐘。

6

將麵團輕拍成長條狀、翻面，
在表面中間擠上柚子金棗餡
（約50g），對折覆蓋住內餡
並沿著麵皮捏緊收合，確實按
壓緊密貼合，輕滾動均勻延展
成長條狀。

▼

7

收口朝下，放置折凹槽的發酵
布上，最後發酵約50分鐘，
篩灑上高筋麵粉，在表面切
割5刀，整型成「U」形馬蹄
狀。

8 入爐後蒸氣1次（3秒），3分
後蒸氣1次，以上火210℃／
下火180℃，烤約16分鐘。

蕉心巧克力

把香蕉乾及巧克力融入到麵團中，
彌漫著甜味道的麵包就完成了，
表面沾覆巧克力酥波蘿點綴，
做成愛心造型，讓人露出笑容的美味麵包。

基本工序

前置麵種
蜂蜜種

▼

攪拌
鹽除外加材料B、蜂蜜種慢速攪拌成團
加鹽快速攪拌至光滑
加奶油慢速至完全擴展，加材料D拌勻
攪拌完成溫度26℃

▼

基礎發酵
50分鐘

▼

分割
110g，滾圓

▼

中間發酵
30分鐘

▼

整型
整成橄欖形，表面沾裹巧克力酥波蘿，
整成心形

▼

最後發酵
40分鐘

▼

烘烤
前蒸氣、後蒸氣，
烤16分鐘（220℃／190℃）

薄荷巧克力

結合薄荷香草與水滴巧克力，清涼的薄荷香氣，
加上香甜的水滴巧克力，讓風味更顯獨特，
立體有型的三角外型，從裡到外呈現獨有的特色。

難易度：★★★★

材料（約5個）

中種麵團A

高筋麵粉——700g
水——450g
速溶乾酵母——8g

中種麵團B

胚芽粉——50g
葡萄菌水——50g

主麵團

A　高筋麵粉——300g
　　細砂糖——80g
　　鹽——15g
　　冰水——200g
　　薄荷葉（乾）——40g
B　奶油——60g
C　水滴巧克力——150g

基本工序

前置麵種
攪拌中種A，冷藏發酵12小時
攪拌中種B，室溫12小時
▼
攪拌
除鹽外，主麵團材料A、中種A、中種B
慢速攪拌
加鹽快速攪拌，加奶油慢速，
攪拌完成溫度25℃
▼
基礎發酵
50分鐘
▼
分割
400g，折疊滾圓
▼
中間發酵
30分鐘
▼
整型
包餡，整成三角狀
▼
最後發酵
50分鐘
▼
烘烤
切割葉脈紋路
前蒸氣、後蒸氣，
烤25分鐘（220℃／190℃）

中種麵團

1

中種麵團A。將所有材料攪拌混合成團，冷藏靜置約12小時。

▼

2 中種麵團B。將胚芽粉、葡萄菌水（參見P30-31）材料攪拌混合成團，室溫靜置約12小時。

攪拌混合

3

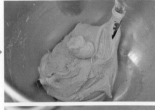

將主麵團材料A、中種麵團A、中種麵團B慢速攪拌成團，加入鹽快速攪拌至表面光滑，再加入奶油慢速攪拌至完全擴展，攪拌完成狀態，可拉出均勻薄膜。

水滴巧克力也可在麵團攪拌至完全擴展階段時加入拌勻。

基本發酵

4
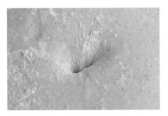

將麵團整理成圓滑狀態，基本發酵約50分鐘。

分割滾圓、中間發酵

5

發酵前

發酵後

將麵團分割成400g×5個，將麵團輕拍、切口往底部收合滾圓，中間發酵約30分鐘。

緊實表面後，接合口處必須確實捏合。

6

將麵團輕拍、在表面鋪放入水滴巧克力（約30g），包覆收合捏緊整成圓球型。

▼

7

將麵團沾粉後由三側分別按壓出邊線，再分別由三邊朝外擀壓延展開，成中間鼓起的三角狀。

▼

8

再由擀開的三側邊拉起收合接合處，收口朝下放置烤盤上，最後發酵約50分鐘，翻面，將翻折的三角皮面朝上，灑上裸麥粉，在三側邊分別切劃出3紋路。

烘焙

9 入爐後蒸氣1次（3秒），3分後蒸氣1次，以上火220℃／下火190℃，烤約25分鐘。

艾威特

添加蜂蜜與葡萄菌水製作裸麥種，提升麵團香氣，
並以紅酒將果乾浸泡隔夜入味，讓紅酒特有的香味融入其中，
充分提引香味，麵包的風味更加香醇。

難易度：★★★★★

材料（約4個）

中種麵團（裸麥種）

裸麥粉——75g
高筋麵粉——225g
葡萄菌水——162g
蜂蜜——75g

主麵團

A 高筋麵粉——700g
　　低糖乾酵母——12g
　　麥芽精——3g
　　紅酒——70g
　　鹽——18g
　　冰水——450g
B 核桃——70g
　　無花果乾——100g
　　蔓越莓乾——50g
　　杏桃乾——70g
　　葡萄乾——50g
　　橘皮丁——20g
　　紅酒——少許

基本工序

前置麵種
慢速攪拌裸麥中種，室溫發酵12小時

▼

攪拌
鹽除外，所有材料A、
裸麥中種慢速攪拌
加鹽中速攪拌至完全擴展
攪拌完成溫度26℃
取外皮400g，其餘加材料B拌勻

▼

基礎發酵
40分鐘，按壓排除空氣，翻麵40分鐘

▼

分割
外皮100g，內層450g，折疊滾圓

▼

中間發酵
30分鐘

▼

整型
外皮擀圓，內層折疊成圓狀，
包覆整型成圓形

▼

最後發酵
45分鐘

▼

烘烤
前蒸氣、後蒸氣，
烤25-30分鐘（220℃／180℃）

養生八寶果

口感樸實的雜糧養生麵包，添加浸泡後的穀物烘焙，
不僅保有小麥的原始香味，還有果乾穀物的迷人香氣。

基本工序

穀物材料烘焙後泡水
前置麵種
慢速攪拌中種，室溫發酵12小時
▼
攪拌
鹽除外加材料A、中種慢速攪拌成團
加鹽中速攪拌至光滑
加奶油慢速至完全擴展，加材料C拌勻
攪拌完成溫度25℃
▼
基礎發酵
60分鐘
▼
分割
400g，折疊滾圓
▼
中間發酵
30分鐘
▼
整型
整成橄欖形
▼
最後發酵
50分鐘
▼
烘烤
灑高筋麵粉，劃切X刀紋
前蒸氣、後蒸氣，
烤20分鐘（210℃／170℃）

難易度：★★★★

材料（約6個）

中種麵團		主麵團		
高筋麵粉——500g		A	高筋麵粉——500g	
蜂蜜——200g			鹽——12g	
葡萄菌水——250g			速溶乾酵母——10g	
			冰水——450g	
		B	奶油——20g	
		C	穀物——200g	
			葡萄乾——200g	
			柚子乾——80g	

穀物

1 將穀物材料（黑芝麻17g、白芝麻17g、蕎麥粒17g、葵瓜子17g、亞麻子17g、核桃34g）烘烤後浸泡水（83g），備用（製作前15分鐘製作）。

中種麵團

2 將葡萄菌水（參見P30-31）及所有材料慢速攪拌成團，室溫靜置發酵約12小時。

攪拌混合

3
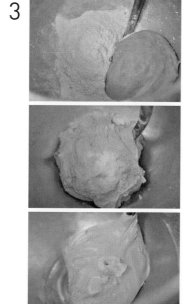

將中種麵團及所有材料A慢速攪拌成團，加入鹽中速攪拌至表面光滑，加入奶油攪拌至完全擴展，攪拌完成狀態，可拉出均勻薄膜，加入【作法1】及其它材料C拌勻。

基本發酵

4

將麵團整理成圓滑狀態，基本發酵約60分鐘。

分割滾圓、中間發酵

5 將麵團分割成400g×6個，切口往底部收合滾圓，中間發酵約30分鐘。

整型、最後發酵

6

將麵團輕拍成三角狀、翻面，從頂端向下捲折，以手指朝內緊塞，確實按壓密合收合於底，滾動搓揉兩端整成橄欖形，放置烤盤上最後發酵約50分鐘，灑上高筋麵粉，在中間切割「X」刀紋。

烘焙

7 入爐後蒸氣1次（3秒），3分後蒸氣1次，以上火210℃／下火170℃，烤約20分鐘。

貝里斯虎紋

添加咖啡奶酒搭配果乾、堅果，突顯芳香滋味。
在麵團表層塗抹均勻的麵糊帶出層次口感，
烘烤後形成狀似虎斑紋路，薄脆酥香相當特別的口感。

難易度：★★★★

材料（約7個）

麵團

A 法國老麵——200g
B 高筋麵粉——1000g
　　細砂糖——155g
　　鹽——10g
　　速溶乾酵母——12g
　　冰水——335g
　　咖啡奶酒——80g
　　鮮奶——250g
　　咖啡粉——20g
C 奶油——150g
D 蔓越莓乾——120g
　　葡萄乾——120g
　　核桃——120g

內餡

奶油起司——560g

表層麵糊

在來米粉——130g
高筋麵粉——25g
沙拉油——25g
水——131g
細砂糖——15g
鹽——5g
速溶乾酵母——7g

基本工序

前置麵種
法國老麵
▼
攪拌
鹽除外，
所有材料B、法國老麵慢速攪拌
加鹽中速攪拌光滑
加奶油慢速至完全擴展，加果乾
攪拌完成溫度26℃
▼
基礎發酵
60分鐘，按壓排除空氣，翻麵30分鐘
▼
分割
360g，滾圓
▼
中間發酵
30分鐘
▼
整型
包覆內餡，整成橢圓形
▼
最後發酵
40分鐘
▼
烘烤
表面塗抹麵糊
前蒸氣、後蒸氣，
烤23分鐘（220℃／180℃）

檸檬脆皮香氛

麵團裡加入檸檬皮及葡萄果乾帶出甜味及香氣，
表層均勻塗抹麵糊可有效防止麵團表層不至乾燥外，
烘烤後形成的漂亮裂紋更帶有薄酥香脆口感。

基本工序

前置麵種
慢速攪拌中種，冷藏發酵12小時

▼

攪拌
鹽除外加材料A、中種慢速攪拌成團
加鹽中速攪拌至光滑
加奶油慢速至完全擴展，加材料C拌勻
攪拌完成溫度25℃

▼

基礎發酵
60分鐘

▼

分割
180g，折疊滾圓

▼

中間發酵
60分鐘

▼

整型
整成圓形

▼

最後發酵
30分鐘

▼

烘烤
塗抹麵糊
前蒸氣、後蒸氣，
烤20分鐘（230℃／180℃）

難易度：★★★★

材料（約13個）

中種麵團
高筋麵粉———600g
速溶乾酵母———6g
水———340g

表層麵糊
在來米粉———130g
高筋麵粉———25g
沙拉油———25g
水———131g
細砂糖———15g
鹽———5g
速溶乾酵母7g

主麵團
A 高筋麵粉———400g
　 細砂糖———10g
　 鹽———16g
　 水———350g
　 葡萄菌水———150g
　 速溶乾酵母———2g
B 奶油———40g
C 冷凍檸檬皮———30g
　 葡萄乾———300g

表層麵糊

1
　 將速溶乾酵母、水攪拌融化，加入沙拉油拌勻，再加入剩餘材料拌勻，靜置發酵約90分鐘。

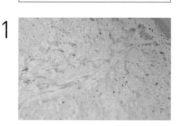

中種麵團

2
　 將所有材料慢速攪拌均勻成團，冷藏靜置發酵約12小時。

攪拌混合

3
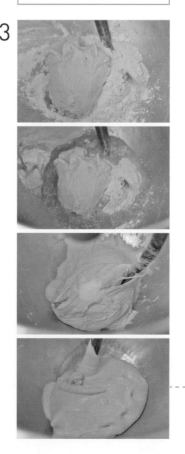

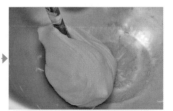

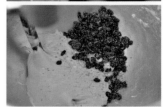

將中種麵團、葡萄菌水（參見P30-31）及所有材料A慢速攪拌成團，加入鹽中速攪拌至表面光滑，加入奶油攪拌至完全擴展，攪拌完成狀態，可拉出均勻薄膜，加入材料C拌勻。

4

將麵團整理成圓滑狀態，基本
發酵約60分鐘。

分割滾圓、中間發酵

5

將麵團分割成180g×13個，
將麵團輕拍、折疊、切口往底
部收合滾圓，中間發酵約60
分鐘。

整型、最後發酵

6

將麵團從底端向前對折，轉向
縱放再對折，收合朝下輕拍，
將麵皮向下拉整成圓球狀，
收合口朝下最後發酵約30分
鐘。

▼

7

將麵糊稍拌勻，在麵團表面均
勻塗抹一層麵糊。

烘焙

8 入爐後蒸氣1次（3秒），3分
後蒸氣1次，以上火230℃／
下火180℃，烤約20分鐘。

表面的麵糊經過瞬間的高
溫蒸氣烘烤會形成微微翻
起的漂亮紋路。

普金南瓜堡

煮糖水自製蜜南瓜丁別有一番風味！
將南瓜纖維與營養融合到麵團中，
綿密柔軟香甜，口感細緻特別，
內裡包覆的起司丁柔順了口感質地，美味加倍。

基本工序

前置麵種
慢速攪拌中種，冷藏發酵12小時

▼

攪拌
鹽除外加入材料A、中種慢速攪拌
加鹽快速攪拌至光滑
加奶油慢速至完全擴展，加南瓜丁拌勻
攪拌完成溫度25℃

▼

基礎發酵
60分鐘

▼

分割
340g，折疊搓長

▼

中間發酵
30分鐘

▼

整型
拍長條，鋪放乳酪丁，捲起整成圓形

▼

最後發酵
40分鐘

▼

烘烤
灑高筋麵粉，捏整小圓，切割刀口
前蒸氣、後蒸氣，
烤25分鐘（210℃／170℃）

英倫伯爵吐司

伯爵紅茶香氣搭配香甜的葡萄乾，合拍的美味組合。
柔軟細緻的內裡，帶著淡淡的紅茶香氣，清爽香甜，
以紅糖代替砂糖提升風味，品嚐到麥香、茶香、果乾的香醇風味。

難易度：★★

材料（約8個）

中種麵團

高筋麵粉——300g
速溶乾酵母——1.2g
鮮奶——100g
水——100g

主麵團

A　高筋麵粉——700g
　　紅糖——100g
　　鹽——14g
　　速溶乾酵母——10.8g
　　伯爵紅茶粉——15g
　　水——240g
　　全蛋——100g
　　鮮奶油——150g
B　奶油——80g
C　葡萄乾——500g

基本工序

前置麵種
攪拌中種，冷藏發酵12小時
▼
攪拌
鹽除外，加入中種慢速攪拌成團
加鹽中速攪拌至光滑，
加奶油攪拌至完全擴展
加葡萄乾慢速拌勻
攪拌完成溫度23℃
▼
基礎發酵
60分鐘
▼
分割
300g，折疊滾圓
▼
中間發酵
30分鐘
▼
整型
捲成圓柱狀，收口朝下放入8兩模
▼
最後發酵
50分鐘發酵至8分滿
▼
烘烤
灑上裸麥粉，剪6刀口
前蒸氣、後蒸氣，
烤25分鐘（190℃／210℃）

大地全麥吐司

搭配全麥種、葡萄種製作維持濕潤口感，加強麵團的香氣風味，
外皮香脆，內部柔軟，直接可以感受到小麥原有的自然芳香，
淡淡的麥香越咀嚼味道越香醇，
不論直接食用或做為三明治都相當美味。

難易度：★

材料（約2個）

中種麵團

全麥種——500g
葡萄種——200g

主麵團

A 高筋麵粉——1000g
    細砂糖——80g
    鹽——18g
    速溶乾酵母——10g
    冰水——550g
B 奶油——60g

基本工序

前置麵種
全麥種、葡萄種

▼

攪拌
鹽除外，加入全麥種、葡萄種慢速攪拌
加鹽中速攪拌光滑，
加奶油慢速攪拌至完全擴展
攪拌完成溫度25℃

▼

基礎發酵
45分鐘

▼

分割
1200g，折疊滾圓

▼

中間發酵
30分鐘

▼

整型
擀平捲成圓柱狀，放入24兩模

▼

最後發酵
60分鐘發酵至7分滿

▼

烘烤
灑上高筋麵粉，縱割切刀口
前蒸氣、後蒸氣，
烤40分鐘（200℃／230℃）

攪拌混合

1

將葡萄種（參見P30-31）、全麥種（參見P34-35）及所有材料A慢速攪拌成團，加入鹽中速攪拌至表面光滑，加入奶油慢速攪拌至完全擴展。

▼

2

攪拌完成狀態，可拉出均勻薄膜。攪拌完成溫度25℃。

基本發酵

3

將麵團整理成圓滑狀態，基本發酵約45分鐘。

分割滾圓、中間發酵

4

發酵前

發酵後

將麵團分割成1200g×2個，輕拍、切口往底部收合滾圓，中間發酵約30分鐘。

整型、最後發酵

5

正向擠壓整型法。將麵團均勻輕拍成長片狀，從前端往下捲折、以手指緊塞，捲成圓柱形，捲折收口於底、按壓收合。

▼

6

收口朝下，放入24兩吐司模中，最後發酵約60分鐘至約模高7分滿，灑上裸麥粉、從中間縱劃直線刀口。

▼

7

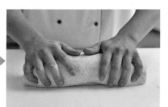

反向推捲整型法。將麵團均勻輕拍整成長片狀，從底端往上捲折，捲成圓柱形，捲折收口於底、按壓收合，放入模型中，發酵至約7分滿、灑裸麥粉，劃切刀口。

正向整型法，成型麵團緊實，膨脹力強，麵包體的口感較Q彈有嚼勁；反向整型法，相對較蓬鬆，口感鬆軟。

烘焙

8

入爐後蒸氣1次（3秒），3分後蒸氣1次，以上火200℃／下火230℃，烤約40分鐘。

Column

美味大變身！
美味的變化吃法

單純的吃以外，花點心思利用簡單的手法變化，

也能讓純樸的風味變身為精緻的餐點，

帶著走的美味三明治、午茶豪華的幸福甜點…

多種的簡單變化，享受美味麵包的無限樂趣！

01_ 法式布蕾

材料

回甘法國1/4片、鮮奶油400g、蛋黃100g、煉奶40g、細砂糖50g、熱水50g、香草精少許、帕馬森起司20g

作法

1. 將熱水、細砂糖煮成糖水,加入煉奶拌勻,待降溫,再加鮮奶油、蛋黃及香草精拌勻即可。
2. 將麵包橫剖切片表面上倒入醬汁,灑上起司粉,以上火250℃/下火150℃,烤約16分鐘,灑上糖粉即可。

02_ 義式金三角

材料

歐香乳酪吐司2片、披薩醬20g、煙燻雞肉40g、洋蔥絲20g、紅椒絲少許、青椒絲少許、沙拉醬20g、披薩絲30g、橄欖油少許、義大利香料少許

作法

1. 吐司斜對切成三角片,塗抹上披薩醬,再依序鋪放煙燻雞肉、洋蔥絲及紅椒、青椒絲,擠上沙拉醬、灑上披薩絲。
2. 以上火250℃/下火170℃,烤約12分鐘,取出刷上橄欖油再灑上義大利香料即可。

03_ 潘朵拉蜜糖寶盒

材料

紫米彩豆吐司1/3個、奶油乳酪60g、草莓適量、香草冰淇淋1球、莓果粒20g、楓糖漿20g、脆笛酥2支、杏仁片(烤過)、芒果、防潮糖粉

作法

1. 將吐司以180℃烤約10分鐘至外酥內軟,待涼,塗抹奶油乳酪,放上芒果片,舀入冰淇淋球、草莓、淋上楓糖漿。
2. 最後放上莓果粒,放上脆笛酥,灑上杏仁片和糖粉即可。

04_ 番茄馬滋瑞拉

材料
山葵明太子法國1份、綜合生菜50g、牛番茄5片、馬滋瑞拉
起司50g

作法
1. 山葵明太子法國以180℃烤約8分鐘至外脆內軟，放涼。
2. 在切面上鋪放生菜、牛番茄片，再擺放起司片即可。

05_ 煙燻牛肉沙拉三明治

材料
鄉村法國1/3份、無鹽奶油20g、綜合生菜50g、洋蔥絲
10g、黑胡椒牛肉60g、卡蒙貝爾起司30g、黑橄欖少許

作法
1. 鄉村法國以180℃烤約8分鐘，橫剖，塗抹奶油。
2. 鋪放生菜、洋蔥絲和起司片、牛肉片，最後擺放上黑橄
   欖即可。

06_ 燻鮭魚三明治

材料
大地全麥吐司4片、煙燻鮭魚4片、起司片2片、美生菜
50g、沙拉醬30g

作法
1. 將4片全麥吐司表面塗沙拉醬，再鋪放上煙燻鮭魚片，
   蓋上吐司片。
2. 接著在作法1的中間鋪放起司片、美生菜，再放上起司
   片，對切成2份即可。

國家圖書館出版品預行編目（CIP）資料

游東運 歐式麵包的究極工法全書 / 游東運著 . -- 初版 . --
臺北市 : 原水文化出版 : 家庭傳媒城邦分公司發行 , 2020.08
面 ; 公分 . -- (烘焙職人系列 ; 1)

ISBN 978-986-99073-6-1(平裝)

1. 點心食譜 2. 麵包

427.16 109010679

烘焙職人系列 001

游東運 歐式麵包的究極工法全書

作　　　　者／游東運
特 約 主 編／蘇雅一
責 任 編 輯／潘玉女

行 銷 經 理／王維君
業 務 經 理／羅越華
總 　 編 　 輯／林小鈴
發 　 行 　 人／何飛鵬
出 　 　 　 版／原水文化
　　　　　　　台北市民生東路二段 141 號 8 樓
　　　　　　　電話：02-25007008　　傳真：02-25027676
　　　　　　　E-mail：H2O@cite.com.tw　Blog：http:citeh2o.pixnet.net/blog/
　　　　　　　FB 粉絲專頁：https://www.facebook.com/citeh2o/
發 　 　 　 行／英屬蓋曼群島商家庭傳媒股份有限公司城邦分公司
　　　　　　　台北市中山區民生東路二段 141 號 11 樓
　　　　　　　書虫客服服務專線：02-25007718・02-25007719
　　　　　　　24 小時傳真服務：02-25001990・02-25001991
　　　　　　　服務時間：週一至週五 09:30-12:00・13:30-17:00
　　　　　　　讀者服務信箱 email：service@readingclub.com.tw
劃 撥 帳 號／19863813　　戶名：書虫股份有限公司
香 港 發 行 所／城邦（香港）出版集團有限公司
　　　　　　　地址：香港灣仔駱克道 193 號東超商業中心 1 樓
　　　　　　　Email：hkcite@biznetvigator.com
　　　　　　　電話：(852)25086231　　傳真：(852) 25789337
馬 新 發 行 所／城邦（馬新）出版集團
　　　　　　　41, Jalan Radin Anum, Bandar Baru Sri Petaling,
　　　　　　　57000 Kuala Lumpur, Malaysia.
　　　　　　　電話：(603) 90578822　　傳真：(603) 90576622
　　　　　　　電郵：cite@cite.com.my

美 術 設 計／陳育彤
製 　 　 版／台欣彩色印刷製版股份有限公司
印 　 　 刷／卡樂彩色製版印刷有限公司

初 　 　 版／2020 年 8 月 6 日
初 版 2 . 3 刷／2021 年 11 月 12 日
定 　 　 價／600 元

ISBN　978-986-99073-6-1

城邦讀書花園
www.cite.com.tw